哈洛新知

Hello Knowledge

知识就是力量

牛 津 科 普 系 列

进化

[英]罗宾·邓巴/著
杨光/译

華中科技大學出版社
http://press.hust.edu.cn
中国·武汉

湖北省版权局著作权合同登记　图字：17-2023-059 号

图书在版编目（CIP）数据

进化 /（英）罗宾·邓巴（Robin Dunbar）著；杨光译．—武汉：华中科技大学出版社，2023. 8
（牛津科普系列）
ISBN 978-7-5680-9829-8

Ⅰ．①进…　Ⅱ．①罗…　②杨…　Ⅲ．①人类进化　Ⅳ．① Q981.1

中国国家版本馆 CIP 数据核字（2023）第 142009 号

进化
Jinhua

［英］罗宾·邓巴　著
杨光　译

策划编辑：杨玉斌　陈　露
责任编辑：陈　露　　装帧设计：陈　露
责任校对：李　琴　　责任监印：朱　玢

出版发行：华中科技大学出版社（中国·武汉）　电话：（027）81321913
武汉市东湖新技术开发区华工科技园　邮编：430223

录　排：华中科技大学惠友文印中心
印　刷：湖北金港彩印有限公司
开　本：880 mm × 1230 mm　1/32
印　张：11.125
字　数：205 千字
版　次：2023 年 8 月第 1 版第 1 次印刷
定　价：108.00 元

参与翻译人员

杨　光

徐士霞　田　然　单　磊

柴思敏　郭伟健　陆　义　孔　倩　黄　鑫

总序

欲厦之高，必牢其基础。一个国家，如果全民科学素质不高，不可能成为一个科技强国。提高我国全民科学素质，是实现中华民族伟大复兴的中国梦的客观需要。长期以来，我一直倡导培养年轻人的科学人文精神，就是提倡既要注重年轻人正确的价值观和思想的塑造，又要培养年轻人对自然的探索精神，使他们成为既懂人文、富于人文精神，又懂科技、具有科技能力和科学精神的人，从而做到"物格而后知至，知至而后意诚，意诚而后心正，心正而后身修，身修而后家齐，家齐而后国治，国治而后天下平"。

科学普及是提高全民科学素质的一个重要方式。习近平总书记提出："科技创新、科学普及是实现创新发展的两翼，要把科学普及放在与科技创新同等重要的位置。”这一讲话历史性地将科学普及提高到了国家科技强国战略的高度，充分地显示了科普工作的重要地位和意义。华中科技大学出版社组织翻译出版“牛津科普系列”，引进国外优秀的科普作品，这是一件非常有意义的工作。所以，当他们邀请我为这套书作序时，我欣然同意。

人类社会目前正面临许多的困难和危机，这其中许多问题和危机的解决，有赖于人类的共同努力，尤其是科学技术的发展。而科学技术的发展不仅仅是科研人员的事情，也与公众密切相关。大量的事实表明，如果公众对科学探索、技术创新了解不深入，甚至有误解，最终会影响科学自身的发展。科普是连接科学和公众的桥梁。“牛津科普系列”着眼于全球现实问题，多方位、多角度地聚焦全人类的生存与发展，探讨现代社会公众普遍关注的社会公共议题、前沿问题、切身问题，选题新颖，时代感强，内容先进，相信读者一定会喜欢。

科普是一种创造性的活动，也是一门艺术。科技发展日新月异，科技名词不断涌现，新一轮科技革命和产业变革方兴未艾，如何用通俗易懂的语言、生动形象的比喻，引人入胜地向公众讲述枯燥抽象的原理和专业深奥的知识，从而激发读者对科学的兴趣和探索，理解科技知识，掌握科学方法，领会科学思想，培养科学精神，需要创造性的思维、艺术性的表达。“牛津科普系列”主要采用“一问一答”的编写方式，分专题先介绍有关的基本概念、基本知识，然后解答公众所关心的问题，内容通俗易懂、简明扼要。正所谓“善学者必善问”，“一问一答”可以较好地触动读者的好奇心，引起他们求知的兴趣，产生共鸣，我以为这套书很好地抓住了科普的本质，令人称道。

王国维曾就诗词创作写道：“诗人对宇宙人生，须入乎其内，又须出乎其外。入乎其内，故能写之。出乎其外，故能观之。入乎其内，故有生气。出乎其外，故有高致。”科普的创作也是如此。科学分工越来越细，必定“隔行如隔山”，要将深奥的专业知识转化为通俗易懂的内容，专家最有资格，而且能保证作品的质量。“牛津科普系列”的作者都是该领域的一流专家，包括诺贝尔奖获得者、一些发达国家的国家科学院院士等，译者也都是我国各领域的专家、大学教授，这套书可谓是名副其实的“大家小书”。这也从另一个方面反映出出版社的编辑们对“牛津科普系列”进行了尽心组织、精心策划、匠心打造。

我期待这套书能够成为科普图书百花园中一道亮丽的风景线。

是为序。

杨叔子

（总序作者系中国科学院院士、华中科技大学原校长）

译者序

英国著名的生物学家和博物学家查尔斯·达尔文(Charles Darwin)于1859年在他的著名论著《物种起源》中,首次提出了以自然选择为核心的进化论。此后的100多年里,进化论对生物学产生了革命性的影响。正如美国遗传学家西奥多修斯·杜布赞斯基(Theodosius Dobzhansky)所说,“如果不从进化的角度分析问题,生物学的一切都毫无意义”。实际上,进化论的影响远不止生物学一门学科,对其他学科如人类学、社会学、政治学、经济学等,甚至整个人类社会的影响都是巨大的。恩格斯甚至将进化论与细胞学说、能量守恒定律一起,列为19世纪自然科学的三大发现。

进化论的思想已经渗透到其他许多学科以及社会的各个方面,它能影响到我们人类对自然和社会中许多事物的演变与发展的认知,以及世界观的形成。因此,如果有一本科普图书能通过通俗易懂的文字，将进化论的主要内容和知识体系简明扼要地介绍给对进化论感兴趣的读者，对进化论的宣传推广无疑是重要的和必要的。由英国进化心理学家罗宾·邓巴(Robin Dunbar)教授撰写的《进化》就是这样一本书。

本书共10章，分别从进化与自然选择、进化与适应、进化与遗传、生命的进化、物种的进化、复杂性的进化、人类的进化、行为的进化、社会行为的进化、文化的进化等方面，全面系统地介绍了进化论的主要内容，不仅适用于非专业读者的科普阅读，对专业的进化研究者也有一定的借鉴与帮助作用。

感谢本书的翻译团队，特别是徐士霞教授、田然副教授、单磊副教授及课题组的柴思敏、郭伟健、陆义、孔倩、黄鑫等老师和同学。他们不辞辛苦地查阅资料，在文稿翻译和校对方面做出了很大的贡献。

本书的翻译工作还得到了国家自然科学基金重点项目(32030011)和科技部国家重点研发计划项目(2022YFF1301600)的支持，特予致谢。

前言

在《物种起源》一书的最后一段中，查尔斯·达尔文用“错综复杂的河岸”来表现地球生命的繁盛——不同物种的生命复杂地交织在一起，有时相互竞争，有时相互依存，有时相互合作。此前，“错综复杂的河岸”上的野生动植物要比现在丰富得多——这主要归咎于人类在极短的时间内干的“好事”。但那是另一个故事了。更重要的是，现如今地球上仍遍布着丰富的生命形式，且它们之间，以及与地球之间存在着非常复杂的关系。至少如我们通常认为的那样，地球可能是宇宙中生命形式最丰富的星球。即使存在生命形式与地球一样丰富或更丰富的星球，也不影响地球激发我们的好奇心，让我们想要知道为什么地球上的生命如此丰富多彩。

经过两个世纪以来不懈的科学研究，我们拥有了一个能够详细解释物种多样性的理论，即最初由达尔文提出的基于自然选择的进化论。该理论之所以闻名，有两个原因。其一，进化论是科学史上第二大成功的理论（仅次于物理学中的量子理论），它不仅解释了我们在自然界所看到的东西，还能激发足以揭示诸多新发现的新想法和新研究。其二，作为一种理论，其意义在于为一系列不同的学科（这些学科并不总是将自己视为自然科学）提供一个统一的框架。这些学科不仅包括生命科学（生态学、遗传学、解剖学、生理学、生物化学和动物行为学等），还包括化学等“硬”科学，医学、社会学、人类学和经济学等“软”科学，甚至人文科学等。此外，历史学、语言学和文学也在进化论的讨论范畴。

与此同时，进化论可能是整个科学界被误解最深的理论——具有讽刺意味的是，其他领域的科学家有时甚至像外行一样误解这个理论。当然，现代综合进化论已经不再是达尔文最初提出的进化论了。该理论已经得到了极大的发展和扩充，有可能达尔文本人都不会承认现代综合进化论中的大部分内容是他自己的理论——尽管他也许对现代综合进化论很感兴趣并产生深刻的印象。尽管如此，现代综合进化论的一切内容都来自达尔文最初的见解。

我对进化论的兴趣来自很早的时候受到的引导。我 11 岁左右的时候在非洲生活，我的祖母（一位退休的外科医生，对大自然有浓厚的兴趣)住在美国加利福尼亚州,她经常邮寄美国奥杜邦学会的儿童“贴纸”书给我。我惊叹于从书上看到的美国西南部的沙漠植物或世界上的其他自然奇观。我觉得其中有关进化的内容特别引人入胜,很大一部分原因是它涉及了我们星球的整个历史,其中包括恐龙和人类进化的内容。毫无疑问,祖父母关心的这个小小的成长时刻,可能比其他任何事情都更能激发我多年后对人类进化和野生生物学产生兴趣。有时,我甚至愿意花很多时间在野外观察动物。观察其他生物的日常活动所带来的乐趣,对它们为何以及如何进化成现在的样子和它们的行为所产生的好奇心,这两者不仅本身就是对我的奖励,也是我进行科学探索的主要驱动力。

尽管进化论本身非常简单——这是所有科学理论都渴望达到的境界,但将其应用到像生物世界这样的多维基质中,就会“一石激起千层浪”,产生非常复杂的结果。事实上,进化过程植根于地球的物理和化学过程,以及这些过程与生理过程和细胞过程的相互作用,这些机制可能形成于大脑的进化过程中。我喜欢这样想象:进化生物学家坐在一幅巨大的拼图面前,拼图的碎片起初是混乱的,而且彼此完全不相干,但是,随着拼图逐渐被拼接在一起,一些东西以一种连贯而神奇的方式浮现。最好的科学是对“我怎么都没有想到”的回应,当困惑的迷雾渐散,一切真理尽显。

本书并不是为了证明进化论的合理性,也不是为了证明进化论的正确性。我认为人们已经阅读过很多论证进化论的书了。实际上,已经有很多书论证过进化论了,尤其是最近出版的杰里·科因(Jerry Coyne)的《为什么进化论是正确的》(*Why Evolution Is True*)一书。相反,我想从一个比大多数进化论相关图书所呈现的视角更广泛的视角来写作。我想说明的是,如果我们一直问"为什么会这样",那么事实证明,达尔文的思想对地球上生命的方方面面(包括人类行为)都有影响。在这样做的过程中,我在非常广泛的学科领域进行了数十年的研究。我将试着展示进化生物学的拼图碎片是如何以支持和拓展达尔文最初见解的方式被拼接起来,从而创造出令人满意的完整拼图的。

不过,也许我最关心的是提出正确问题的重要性。很多时候,人们对进化论及其对人类行为的影响产生误解都是由于未能准确理解进化论到底意味着什么。没有什么比20世纪70年代奇怪的社会生物学大论战更能说明这一点的了,当时,一些人尝试将进化论应用于人类行为的严肃研究,引起了社会学家和人文学界的强烈抵制,抵制者中的大多数人很少费心去弄清楚尝试者到底有什么建议,更不用说读一本关于进化的书了。虽然现在的我们已经进步了,但我仍然惊讶于同样的错误和误解以不同的伪装再次出现的频率是如此之高,这反映出我们仍旧未能完全理解进化论。

因此,本书试图准确阐述进化论的内容。大多数关于进化论的图书(包括我在童年时代所读的美国奥杜邦学会的图书)只涉及一些常规的话题,比如物种进化这个由达尔文本人最初提出来的问题,即新物种如何产生以及有些物种为何会灭绝。达尔文后来在许多方面进行了一些更有趣的探索,如行为、情感和社会的进化,我想跟随他的脚步继续探索。正如达尔文所认识到的,他的进化论对生命的每个方面,甚至对科学界近乎所有的学科都有深远的影响。这毫不意外地让我们超越了动物是什么以及它们表现出什么样的行为的范畴,最终去探索人类自身状况的方方面面。

进化论为我们提供了一个迄今为止可谓伟大的故事:我们和与我们共同生活在地球上的其他生物是如何出现的,为什么我们不一样,我们如何及为何要相互依存。进化论给我们的重要信息之一,也是我真正想强调的,就是生物界是一个复杂的、整合的系统,而不是一组互不相关的原因及其单一的结果。一个生物个体被选择表现出什么样的行为和变成什么状态,不仅对其所属物种产生深远影响,也会对其他物种产生影响。就像自然环境保护主义者不断警告我们的那样，人类或其他任何生物在被自然选择所表现出的行为，都会对物种内的所有个体，以及其他物种，甚至整个生态系统的进化产生影响。

某些情况下，这种相互影响可能会产生严苛的进化约束，以至于生物根本不可能沿特定路线进化。正如行为生态学家尼克·戴维斯(Nick Davies)曾说过的："无论'机关枪'在蝴蝶争夺领地的空战中有何种优势，蝴蝶无论如何也不会进化出'机关枪'。"这是因为蝴蝶的飞行方式和微小体型完全排除了这种进化可能。然而，即使是实用的进化革新也会面临需要解决的新问题。脑容量的增大使得动物可以更巧妙地解决日常生存问题，但因为大脑的能耗是肌肉的10倍，所以脑容量更大的动物需要获取更多的食物，反过来也会使这些动物暴露在更高的捕食风险之下。一个问题的解决方案很快会变成另一个有待解决的问题。在进化分析中，如果我们忘记了这一点，那将得不偿失。

进化也有一定的偶然性：偶然事件常常导致进化向一个从未预料到的方向发展，即意外后果定律。一个近在咫尺的例子，正如后文可以看到的那样，就是我们人类最早的祖先在600万年前甚至更早以前开始直立行走，这使得人类的语言进化成为可能。无论是我们的祖先还是进化本身，都没有预料到这个结果,但这是一个在适当的时候出现的进化机遇(尽管这确实需要一些偶然的、完全不相关的适应)。如果我们的远古祖先没有被推到这条道路上,人类的语言(以及随后的一切)就不太可能进化出来。甚至我就写不出本书,你也不会读到它。

在讲述这个有关进化的故事时,我将本书构架为循序渐进对话的形式。像所有科学研究那样,本书的关键是像孩子一样,对每个答案都不停地追问为什么。本书共有10个主题,逐步从抽象的进化聚焦到具体的人类文化行为。我想展示如何通过问"为什么"来把我们带入生活的每一个角落。就像其他关于进化的图书一样,本书的主题也是精心挑选的。我选择的主题主要通过进化的关键部分,逐步构建一个合乎逻辑的解释,包括解释人类到底是什么、做什么以及经历什么,虽然人类也只是一个物种,但我们对自身确实有特别的兴趣。最重要的是,我想要传达这样一种感受:尽管科学研究有时很难,却非常有趣,尤其是它经常带给我们意外之喜。这一点民间传说很少能做到——因为传说很少会让我们对"外面的世界"感到好奇。科学是一则则从未停止过让人惊讶和扣人心弦的故事,就像所有好的故事一样,在复述时永远不会让人感到厌烦。的确,在许多方面,科学是人类讲故事的巅峰之一,而进化论就是其中最好的一个例子。

为了明确起见，我特别补充一点，本书将经常提及动物会“有意”追求特定的进化策略，或基因会“为自己”争取利益，这并不意味着动物（事实上，有时候也包括人类）或基因能意识到它们正在做什么，甚至不意味着它们打算以特定的方式行事。这只是进化生物学中的一种惯例，它源自这样一个事实：自然选择似乎（在隐喻意义上）以目的论的方式来选择动物的行为。如果你愿意，你可以用一种更准确的方式来重新表述每一件事情，但它将不可避免地冗长、枯燥乏味。在科学研究中，不必要地把事情复杂化不会有任何好处，因为人类的大脑并不是为处理复杂问题而设计的。

目录

4 生命的进化 99

5 物种的进化 129

8 行为的进化 221

9 社会行为的进化 253

1　进化与自然选择

1. 我们为什么需要进化论?

我们生活在一个有巨大多样性的世界。全球大约有 5500 种哺乳动物、10000 种鸟类与 12000 种线虫。约有一半的线虫属于寄生虫——蛔虫、钩虫、蛲虫和鞭虫等,它们在全球范围内对人类健康造成严重损害。这些生物与我们目前已知的 100 万种昆虫相比就微不足道了——更不用说还有差不多同等数量的未知昆虫物种。其中,我们已知的甲虫就有 35 万余种。正如伟大的英国进化生物学家 J. B. S. 霍尔丹(J. B. S. Haldane)曾经评论的那样:如果存在上帝,那他一定非常喜欢甲虫。除此之外,全球还有大约 25 万种被子植物,以及我们未提及的细菌和病毒……

很多时候,我们将这种非凡的多样性视作理所当然,而很少在日常生活中注意到它。通常,我们只对那些致病的、出现在花园中惹人生厌的或者出现在餐盘中的物种感兴趣。这些物种的数量微不足道:大多数人只食用不超过 100 种动植物,许多人食用的甚至更少。

考虑到我们与这么多的物种共享我们的世界,我们应该停下来思考一下人类以及其他物种是如何形成的。看到现在的世界,我们很容易就认为它一直以来就是这个样子。即使是伟大的古希腊哲学家、科学家亚里士多德(Aristotle,公元前384—前322年),也认为世界一直都是他看到的那样——尽管他头脑清醒,是达尔文之前最伟大的生物学家之一。

即便如此,我们仍有一个疑问:为什么有这么多种不同形式的生命?为什么会有这么多种甲虫、鸟类和植物?根据诺亚方舟准则,一种甲虫不就够了吗?世界上存在着成千上万种不同生命形式这一事实,又引出了另一个重要的问题:为什么人类能够受益于某些生命形式(例如,我们的食物或与我们愉快共存的生物),而有些生命形式(例如,许多捕食者和寄生虫)对人类的健康甚至生存却是绝对不利的?所有这些问题都能在达尔文学说中找到答案。

著名的美国遗传学家西奥多修斯·杜布赞斯基有一句名言:如果不从进化的角度分析问题,生物学的一切都毫无意义。杜布赞斯基可能也说过"生活中没有什么……"这样的话,因为正如现在所知,他的名言不仅适用于生物学领域,也同样适用于心理学、社会学、经济学、历史学、考古学以及其他几乎所有学科。就像太阳系和宇宙在进化一样,这个世界上的一切也都在进化。没有任何东西,甚至宇宙,从一开始就保持在一个稳定的状态。所有事物都有随时间的推移而变化的历史,这就是进化的全部含义。

但这又引出了另一个问题:这种变化究竟是某种内部过程的自然展开,还是某种外力作用的结果?没有人会怀疑宇宙的进化属于第一种情况。在达尔文之前,追溯到古希腊时期,哲学家和科学家的早期生物进化理论也认为生物的进化属于第一种情况,但达尔文坚持认为属于第二种情况。我们必须要问的问题是:我们人类现在所面对的生物世界和心理世界是如何形成的?这又将如何影响作为物种之一的人类及人类的行为?

2. 那么,是谁发现了进化?

无论是古典时代的还是中世纪的伟大的哲学家与科学家,都接受不同的生命形式有着不同的生存技能和能力这一观点,该观点最早是由亚里士多德在公元前350年提出的。所有人都认同人类是地球上最先进的生命形式,然后再一级一级地往下,从哺乳动物、鸟类、爬行动物、鱼类到代表最不发达生物的臭虫和爬虫。

人们很容易把这种生命形式分级看作一种静态的层次结

构，通过不同生命形式被创造的先后顺序在时间上固定下来。然而，在17世纪，人们开始对农民在犁地时偶然挖出的一些石头感到好奇。虽然它们看起来是石头，但随着医学，特别是解剖学的发展，人们发现这些石头更像骨头。1667年，丹麦牧师、科学家尼古拉斯·斯丹诺（Nicolas Steno）提出，这些石头一定是早已死去的生物的骨头，由于在地下吸收了矿物质而变得像石头一样。

这个令人惊讶的想法揭示了一种可能性：物种或许不会一直存在，即一些物种可能会灭绝。这一想法播下了生命形式可

生物骨头吸收矿物质后变得像石头一样

能会随着时间进化和改变的思想种子。然而,试图解释这是如何发生的仍是一个挑战。18 世纪和 19 世纪的许多动物学家提出了自己的观点,其中最成功的观点是 1809 年由法国著名的动物学家让-巴蒂斯特·拉马克(Jean-Baptiste Lamarck)提出的,即拉马克学说。

拉马克认为物种在持续不断地被创造出来——就是现在,这一分钟,此时此刻。每一个新物种都沿着相同的路径进化。每种生物一开始都是某种小虫子,然后逐渐沿着进化路径移动,直到最终每种生物都可能成为人类。(我们尚不清楚这是否意味着新的人类物种会在我们还存在的情况下进化出来。)拉马克学说的一个重要暗示是,那些存在时间最长的物种是最高级的,因为它们有最多的时间沿着进化路径进化。这也就暗示人类,显然是最高级的物种,一定是存在了最长时间的物种。尴尬的是,人们似乎都选择了忽视这个问题。

尽管这些观点和真正的经验主义动物学一样都没有实验基础,但实际上拉马克学说的拥护者手握有力的实验证据来支持其观点。该实验看上去很简单:泵取一桶水,在显微镜下仔细观察,除了纯净的水以外,什么也观察不到,但将水桶静置几周后再次观察,你会发现水中到处都是微生物。这是证明生命每时每刻都在不断地被创造出来的一个惊人证据。

这是一个巧妙的实验，唯一的缺陷是：关于细菌和其他微生物的知识在一个世纪后才被人类掌握。当然，新出现的生命来自周围的空气，正如我们现在所知，空气中充满了随风飘来飘去的微生物。

与此同时，英国的许多业余博物学家也在宣扬进化论的观点。这些业余博物学家包括伊拉斯谟斯·达尔文（Erasmus Darwin，查尔斯·达尔文的祖父）、爱丁堡出版商罗伯特·钱伯斯（Robert Chambers），以及经典地质学奠基人詹姆斯·赫顿（James Hutton，他提出了一个与达尔文的自然选择理论非

通过显微镜可观察到微生物

常接近的理论)。达尔文可能是在爱丁堡大学学习的时候接触到这些观点的。

3. 达尔文学说怎样改变了我们对进化的理解?

1831 年,非常年轻的查尔斯·达尔文(当时他只有 22 岁)获得了一个陪同同样年轻的船长罗伯特·菲茨罗伊(Robert FitzRoy,那时只有 26 岁)乘英国皇家海军勘探船"贝格尔"号进行为期 5 年的环球航行的机会。此次航行考察了南美洲和太平洋岛屿的海岸,最远到达了澳大利亚。这次漫长的航行,目的是提高英国皇家海军海岸线地图的质量。达尔文的角色很简单:他只是菲茨罗伊的航海伙伴,以便这位年轻的船长在这样漫长而孤独的旅程中可以有一个和他有同样知识背景的人交谈。但是,作为一位有经验的地质学家,达尔文很快被任命为探险队的地质专家。事实上,他把大部分时间花在沿海到内陆据点途中的骑马往返上,以逃避船上无聊的生活。在探险过程中,达尔文收集了已灭绝的南美洲巨型哺乳动物的骨骼化石,也采集了许多他那个时代存在的但他从未见过的昆虫、鸟类和哺乳动物的标本。

在不同地方收集到的物种的化石和标本之间既有相似之

处,又有不同之处,这使得达尔文在往后的20多年里一直致力于研究这些物种,尤其是相邻岛屿上的物种,它们虽然地理位置十分相近,但生物学特征却非常不同。最终,在1859年11月,他出版了划时代的著作《物种起源》。在这本书中,他提出了一个新的进化理论,我们称之为达尔文学说。

达尔文学说不同于以往的进化理论。与拉马克学说假定生命不断地被创造出来不同,达尔文学说指出,所有现存的和已灭绝的物种都来自某个共同的远古祖先,这些物种因为来自共同的祖先而相互联系在一起。复杂性和先进性并不能告诉我们一个物种的新旧,它们仅仅代表了物种在不同的环境下所遭遇挑战的历史。更重要的是,物种并不是像此前的一些理论所假设的那样,有相同的进化路径;相反,每一个物种都有自己的进化路径,这取决于它们碰巧选择的栖息地、偶然遇到的机会,以及火山喷发和飓风等随机事件。

达尔文学说之所以更为成功,是因为它提供了一种驱动进化的机制,也就是达尔文提出的自然选择和适应。事实上,拉马克学说已有它自己的适应概念,即我们现在所知的获得性状遗传。拉马克学说认为:铁匠在不断敲打马蹄铁的过程中锻炼出的健硕肌肉将会在适当的时候遗传给他们的后代。尽管我们仍不太清楚这个过程的细节,但这种性状必然会成为铁匠后代的生物学特征的组成部分。达尔文认为，物种的性状之所以变化，是因为不同个体的性状在自然环境中存在不同程度的差异，而只有那些最能适应环境的性状才能成功遗传下去。结果，许多代之后，某个物种因具有某些性状而能更好地适应环境，也就变得更像某些物种的共同祖先。也许我们可以这样来归纳达尔文学说与拉马克学说之间的差异：拉马克认为是使用导致了变异，而达尔文认为是变异导致了使用。

达尔文并不是当时唯一一个沿着这个思路思考的人。例如，苏格兰谷物商人帕特里克·马修斯（Patrick Matthews）在

拉马克认为铁匠的健硕肌肉会适时遗传给后代

努力培育更高产作物的同时，也提出了与自然选择理论类似的理论。事实上，达尔文的观点在很大程度上被18世纪晚期农业革命中动物和作物育种的成功所影响。更重要的是，探险家兼博物学家阿尔弗雷德·拉塞尔·华莱士(Alfred Russel Wallace)在南美洲和远东地区收集动植物标本时，也独立地提出了一个与达尔文学说非常相似的理论。最著名的轶事是，正是华莱士在1858年给达尔文的信中附上了华莱士关于自然选择的总结，这才促使达尔文发表了自然选择理论。

虽然华莱士在条件非常艰苦的加里曼丹岛帐篷营地，而不是在非常舒适的英国肯特郡大栋乡村别墅中，独立得出了与达尔文学说相似的理论，应该得到赞赏，但达尔文才是功不可没的，因为他为进化论提供了丰富的证据细节，对遗传机制有更为深入的理解。此外，华莱士一直不愿意放弃上帝在某个环节参与其中的观点——事实上，他晚年回到英国后花了大量时间试图证明上帝在进化论中的作用。达尔文的理论不需要上帝，因此才会作为科学理论而显得更简洁明了。

在许多方面来看，达尔文的成就在于提出了一个大问题，从地质学、解剖学和生态学等多个不同学科视角收集证据，与他自己在世界各地的观察相结合，并将所有零碎的拼图整合起来，使他能成功地识别出一种模式，并最终归纳总结了一个前人没有想到的，即便是普通人也能理解的解释。当然，同样可以说，虽然我们可以把达尔文学说描述成他在 19 世纪后半叶提出来的一套特殊观点，但达尔文去世后的一个半世纪里，生物学家仍在继续拓展他的理论。现代综合进化论展示了达尔文最初思想的印迹，但要复杂和深刻得多，以至于现代综合进化论的许多内容可能会让达尔文感到意外和惊讶。然而，重要的是要认识到，如果生物学家没有达尔文学说作为提出问题与验证假说的框架，那么大多数事实可能永远不会被发现，新的思想、概念也不会诞生。

4. 什么是达尔文的自然选择理论？

达尔文的自然选择理论可以总结为三个简单的原则，以及由此得出的逻辑推论：

(1)个体表型存在差异(变异原则)；

(2)其中一些差异是由遗传导致的(遗传原则)；

(3)一些变异体能够更成功地繁殖，因为它们在某种程度上更能适应环境(适应原则)；

因此，作为结果，

(4)下一代将会与繁殖更成功的变异体更相似(进化原则)。

达尔文的观点是基于英国经济学家、牧师托马斯·马尔萨斯(Thomas Malthus)于1798年出版的一本非常有影响力的书所阐明的观察结果:种群生育率最终总是超过栖息地的承载能力,不可避免地导致许多人过早死亡。达尔文在“贝格尔”号上阅读了马尔萨斯的书,后来这本书为达尔文的自然选择理论提供了灵感——因为不是所有个体都能生存下来,自然会像筛子一样,让那些更适应当地条件的个体更成功地生存和繁殖。

实际上,达尔文的自然选择理论是三个独立过程(遗传、选择和进化)的结合,每个过程都必须是真实的,进化才能发生。达尔文认为选择过程是最重要的。自然选择与进化不是一回事。进化是当自然选择作用于具有可遗传性状的生物体时所发生的事情。更重要的是,这两个过程间的关系是不对称的。如果出现了自然选择,那么进化是不可避免的,但进化可以在没有自然选择作用的情况下发生。

达尔文的观点是,自然选择提供了“筛子”,从而大大加快了谱系内进化的速度,也使进化方向发生了偏离。在没有自然选择作用时,进化将是缓慢、随机和无方向的。两个种群之间可以因为微小差异的随机积累而逐渐分化,但这个进化过程将是一个非常缓慢的过程(见问题29)。自然选择可以大大加快这一过程,并推动一个物种走向一个特定的终点。然而,不同于前文所述的统一的进化路径,不存在每个物种都必须到达的终点。在达尔文学说中,进化的终点是不可预测的:进化的终点总是取决于环境的不测事件和进化过程中的机缘巧合。不存在两条完全相同的进化路径。

重要的是记住达尔文试图解释的问题:为什么地球上的生命如此多姿?为什么物种数量如此丰富?为什么其中一些物种的生物学特征彼此相差无几,而另一些却大相径庭?特别是,他想要找到一个能够解释快速进化的机制——快速,是指在地质时间尺度上。请记住,这一切都是在这样一种背景下发生的:达尔文的多位学术导师在论证地球的地质年龄比人们先前想象的要更加亘古久远方面发挥了重要作用。17 世纪的地质学家推测,地球形成于几百万年前。达尔文本人也为推测地球的地质年龄做出过开创性的贡献,假如他从未提出过进化论,他会作为现代地质学的开创者之一被人们铭记。

5. 达尔文以哪些证据支持他的自然选择理论?

达尔文借鉴了三个方面的主要证据来源以完善他的自然选择理论。第一方面的证据是已知物种的解剖学相似性的比较数据。在18世纪30年代,伟大的瑞典生物分类学家卡尔·林奈(Carl Linnaeus)已经证明,物种可以根据解剖学相似性进行等级分类(种包括在属内,属再合并为科)。林奈没有提出任何进化历史的假设(他只是一个单纯的生物分类学家),但后来的进化论者很清楚,彼此相似的物种很可能有一个共同的祖先(见问题41)。与当时大多数生物学家一样,达尔文接受了林奈的分类原则,并用它来提醒人们注意这样一个事实,即邻域分布的物种(如科隆群岛和邻近的南美大陆的雀科鸟类)在解剖学上常常很相似,而来自不同大陆的物种往往差异较大。

第二方面的证据来源于本地适应。达尔文对他在科隆群岛收集到的鸟类标本并不是特别感兴趣,但当他回到英国后,从他那儿获赠标本的鸟类学家却被不同岛屿的雀科鸟类之间的巨大差异震惊了。虽然很明显它们都属于雀科,但有些鸟类体型小且喙细,而其他鸟类体型大且喙粗,还有其他许多介于两者之间的外观差异。达尔文认识到了这一点,并且从他的野外记录中发现,这些差异是为了适应不同岛屿上不同的觅食机会。在适应的过程中,拥有更适合特定饮食的喙型的个体能更成功地繁殖后代,结果导致了不同喙型的逐步转变。

达尔文赖以支持其理论的第三方面证据来自育种试验。达尔文认识到物种可能会根据环境的变化来改变其生命体结构后，就面临着如何反驳大多数人认同的物种是不变的这一观点并做出解释的难题。18 世纪末和 19 世纪早期的农业试验激发了达尔文对育种试验的兴趣。当时，像罗伯特·贝克韦尔(Robert Bakewell)和托马斯·科克(Thomas Coke)这样的育种家成功地培育出了优良的家畜和作物品种。此外，放鸽子在当时是一项流行的消遣活动，养鸽者会精心配种以获得新的品种，其中一些新品种有着与众不同的外观。达尔文花了很长的时间来研究他们的育种方法，并亲自尝试。他不仅在《物种起源》一书中专门写了一章来讨论这个主题，后来还写了一整本关于这个主题的书，即《动物和植物在家养下的变异》。

最终，达尔文确信，这种人工繁育方式为自然如何随时间的推移来改变一个物种的外观提供了证据，自然选择在其中扮演了人类育种者的角色。环境中微小但持续的变化可能起到了养鸽者的作用，在每一代的自然变异范围内选择出特定的变异。因为不是每一个突变体都能存活下来并繁殖后代，所以种群中的个体将与繁殖最为成功的亲代越来越相似，就像养鸽者能够培育出越来越符合他眼中的完美标准的鸽子一样。

6. 为什么达尔文又提出了第二个理论，即性选择理论？

达尔文非常担心自然选择理论中的弱点，这也是他等了很长时间才发表他的自然选择理论的原因。他想确保拥有尽可能多的证据来支持其主张，因此他花了很多时间研究看似彼此毫不相关的现象，例如鸽子繁育（见问题 5）、植物授粉（他的两本著作《兰科植物的受精》《食虫植物》）、蚯蚓的行为（《腐殖土的形成和蚯蚓的作用》）、藤壶的生理习性（《蔓足亚纲》），以及

珊瑚礁

珊瑚礁的特性(《珊瑚礁的构造和分布》)。尽管如此,仍有一个问题让他困惑:为什么物种会具有带来生存风险的特征?例如,有些物种具有可能妨碍它们飞行的复杂附器,有些物种具有能够吸引捕食者注意力的鲜艳颜色或响亮的求偶鸣叫声。

达尔文最终认识到,自然选择包括两个完全独立的部分(生存和繁殖)。重要的是这两个部分相互作用的方式决定了某一个体所留下后代的数量(进化本身的动力)。生物既要生存又要繁殖,而在某一点上,两者能实现平衡。换句话说,只要一种生物能及时繁殖很多后代,那么它就能承受早逝的命运;如果它想以一种更悠闲的节奏繁殖后代,那么它最好谨慎一点,以便能活得更久。

在这个过程中,繁殖的重要性引出了一种可能性,即生物体可以通过吸引能更成功地繁殖后代的配偶来提高自身的繁殖成功率。这种可能性在交配机会很少时显得尤其重要,而且还会导致交配竞争。达尔文将交配竞争称为性选择,以区别于自然选择("自然"通常被解释为适者生存)。当然,严格地说,性选择只是自然选择的一个组成部分;我们将其他组成部分称为"生存选择"。然而,性选择有时会产生对生存不利的进化性状。能够繁殖比竞争对手更多的后代是进化的优势所在。如果繁殖优势在一代一代中重复出现,那么整个种群最终会与拥有最多后代的个体越来越相似，因为繁殖优势表达为遗传性状。

达尔文区分了性选择中可能起作用的两种方式：一种是通过同性个体之间的竞争来垄断与异性的交配权（性别内选择）；另一种是某一性别的个体向异性个体求偶，后者主动地根据前者所展示的性状来选择配偶（性别间选择）。

性别内选择的例子有雄性鹿或大象为了获得与雌性鹿或大象的交配权，彼此间常常发生激烈的打斗。结果往往是体型或“武器”（如鹿角或象牙）更大的个体获得优势。在这种情况下，

性别内选择的一个例子是鹿

雌性只是被动的观察者，不管雄性是谁，雌性只与获胜者交配。然而，这并不是说雌性是冷漠的参与者，实际上，它们根据打斗结果来挑选最好的配偶。毕竟，能够使雄性成为一名高效战斗者的性状，可能会在适当的时候对其雄性后代产生有利影响。

相比之下，性别间选择更加微妙，某一性别的个体主动以某种方式吸引异性个体。孔雀就是一个我们熟悉的例子，雄性孔雀将进化出的巨大、五彩缤纷、笨重的尾巴展示给雌性孔雀，希望能给雌性孔雀留下深刻印象，从而吸引雌性孔雀与之交配。在某些物种中，几个雄性个体在彼此相邻的小领地（称为

性别间选择的一个例子是孔雀

求偶场)上展示自己,雌性个体会在求偶场周围徘徊,观察每一个雄性个体,然后决定与哪一个个体进行交配。另一个例子是草原松鸡,雄性草原松鸡会发出低沉的鸣叫声,同时尾巴发出“啪”的声音。在这种情况下,雄性展示的性状通常在某种程度上与它们的生存或繁殖能力有关。一只孔雀展示它那特别大的尾巴时实际上是在暗示:看看我的基因有多好,即使背负着如此巨大的负担,我也能逃脱捕食者的追捕,所以选择我吧!因此,这种情况所遵循的原理通常被称为不利条件原理,该原理是由以色列生物学家阿莫茨·扎哈维(Amotz Zahavi)在20世纪70年代所阐述的。在其他情况下,雌性个体选择的雄性个体可能拥有与生殖直接相关的性状,如良好的育儿技能。在淡水棘鱼等一些鱼类中,雄性会准备一个巢穴,然后将巢穴展示给经过的雌性;如果雌性喜欢巢穴的外观,就会进入巢穴并产卵,然后离开,让雄性继续孵化鱼卵和保护幼鱼,直到幼鱼成长到足够大,可以自食其力。

然而,某些情况下,动物可以选择完全随机的性状,这种选择被英国统计学家、遗传学家罗纳德·费歇尔(Ronald Fisher)归纳为“性感儿子假说”。他在20世纪30年代首次提出该假说:雌性更愿意与具有更强性吸引力性状的雄性交配,这样自己的雄性后代也能获得这些优秀的性状:对雌性更有吸引力。该假说也被称为“失控性选择”,因为它会导致完全随机性状的快速演化，而这些性状只是雌性碰巧喜欢的性状而已。比如，非洲的一些猴拥有亮蓝色的睾丸，新几内亚的极乐鸟拥有鲜亮的卷尾和绚丽的羽衣，此外，许多鸣禽拥有悦耳的鸣唱声。在很多情况下，动物会为了一些无关痛痒但生物学上合理的目的，选择已经存在的性状并加以强化。这为进化提供了机会窗口，性选择就是借此发挥作用的。

性选择在物种进化中发挥着特别重要的作用，因为它可以加快两个种群的分化速度并使它们进化为两个不同的物种（见问题 43）。在种内，性选择也可以解释动物不同寻常或夸张的性状。比如在人类中，这样的性状包括男性的胡须和低沉的声音，以及年轻男性的竞争与冒险行为等。

7. 我们现在有什么证据来支持进化论？

目前有六个方面的证据支持进化论，而这些证据是达尔文在 19 世纪下半叶所无法获得的：丰富的化石记录、胚胎学（生物体如何发育）证据、共同的生化过程、分子遗传学、自然选择的实验室实验，以及动植物种群野外调查支持自然选择在大自然中发挥作用的证据。

第一个证据来源是一个半世纪以来密集的化石搜寻，我们获得了大量早已灭绝的物种和各个时期仍存活物种的化石。根据这些化石可知,在过去5亿年中地球上共发生了5次大灭绝事件,大量物种在巨大的环境灾难中被清除掉了。丰富的化石记录让我们得以拼凑出不同物种进化的历史序列。最早被重建的是马科的进化序列,结果显示在过去4000万年里,只有家犬大小的有四个脚趾的始祖马进化为现今只有一个脚趾的大体型马。类似的进化序列也已在多种主要的动植物类群中建立起来。最近,我们已经有可能追踪海洋生物,例如早已灭绝的三叶虫,甚至微小的浮游放射虫的谱系,它们已经历了数百万年的缓慢进化。

第二个重要的证据来源是对生物体发育过程的研究(胚胎学)及对不同动物类群发育过程的比较。在许多情况下,这些研究揭示了大量的远缘物种以相同的顺序经历了相同的发育过程。例如,所有脊椎动物的神经索在生命的同一阶段形成。许多物种短暂地拥有过在与其无亲缘关系的物种中发现的痕迹器官(见问题15)。事实上,除专家外,其他人几乎无法区分处于孕期前三分之一阶段的人和狗的胚胎。

第三个证据来源是,许多来自不同科的物种经历着相同的生命必需的生化过程。从微生物到人类,大约99%的活细胞依赖于6种主要化学元素(碳、氢、氮、氧、磷和硫)。从真菌到植物和人类,每一种生物都有相同的细胞色素 c(细胞内电子运输所必需的一种血红素蛋白)。事实上,除了一种古老的细菌,从病毒到人类,所有的生物都使用同一套核苷酸作为其遗传密码的基础。由于这些事件全都是偶然事件的可能性微乎其微,所以迄今为止最有可能的解释就是所有生物的生命特征均继承自进化历史深处的某个共同祖先。

第四个证据来源或许是支持进化论的最重要的证据来源,即分子遗传学。分子遗传学诞生于 20 世纪 40 年代末,并在 1953 年由剑桥大学的弗朗西斯·克里克(Francis Crick)和詹姆斯·沃森(James Watson)及其在伦敦的同事和竞争对手莫里斯·威尔金斯(Maurice Wilkins)和罗莎琳德·富兰克林(Rosalind Franklin)发现遗传密码后得到真正的普及。构成我们染色体的 DNA(唯一从父母传递给后代的东西)由按不同顺序排列的四种碱基组成,其中的各个基本单位(密码子或者基因)负责构造我们的身体(见问题 24)。从 20 世纪 80 年代开始,人们能够比较不同物种的完整遗传密码,从而根据单个 DNA 碱基的特征建立一个分类系统。在很多情况下,这证实了林奈和后来的生物分类学家从解剖结构中推断出的亲缘关系——但并不总是如此！在某些情况下,会有意想不到的惊喜(尽管大多数惊喜只是细节层面上的,见问题 44)。

遗传学知识使得准确地确定两个物种间的亲缘关系，及它们在多久以前拥有共同祖先成为可能。人类与黑猩猩共享约95％的DNA，与狗共享约85％的DNA，与不起眼的白菜共享约40％的DNA。这反映了一个事实，即我们身体的大多数基本组织(骨骼、血液、神经)和许多相关的生化过程(细胞的氧化、脂肪和糖类的合成)与其他一些物种非常相似。

最后两个证据来源是实验室进行的自然选择实验研究及田野试验，这样的研究使我们能非常详细地了解自然选择如何发挥作用(见问题11)。尽管这样的研究不太可能创造出一个

人类与狗共享约85%的DNA

全新的物种,但还是有可能大幅度地改变某一谱系的表型——创造出多少有点表现出紧张的大鼠,白眼而非红眼的果蝇,或者能顺利繁殖的无翅谱系(一代又一代地繁殖无翅后代)。

8. 但是进化论不就是一个理论吗?

这取决于你对"理论"的理解。如果你认为理论是一种尚未被证明的东西,那么答案一定是否定的。在科学界,我们把未被证明的东西称为假说,假说是目前没有任何令人完全信服的证据的推论。"理论"这个词在科学界与假说差别很大。理论是一种解释或模型,而且我们有充分的理由相信它是正确的。理论可以分为两种:定义成立的理论和证据确凿的理论。

第一种通常是数学(或演绎)理论,在关于世界如何存在的一系列假设下,它一定是成立的。我们可能有关于这些假设的经验证据,或者我们只是简单地认为它们是成立的,这是因为很难想象有其他假设可以解释事物的运行机制,或者因为我们只是想了解这些假设成立时会出现的结果。达尔文的自然选择理论就是这样一种理论:它由三个原则和一个逻辑推论(见问题4)组成。唯一可能存在疑问的是,它所依赖的三个原则是否在经验上分别成立。

第二种理论被称为归纳理论，是在对许多观察结果进行总结的基础上对世间事物的经验描述。这种理论在早期一直是科学的“主力军”：你需要知道你要解释什么，而进行观察乃是做到这一点的前提。一旦你这样做了，你可以建立第一种理论（数学理论）来进行解释。孟德尔遗传定律（见问题22）最初是根据经验得出的，随后基于对性状遗传方式的假设发展出了一系列非常简明的定律。在20世纪30年代，这些定律与种群生物学观点相结合，形成了一个丰富的进化数学理论——现代综合进化论（见问题23）。这为研究提供了框架，事实证明，该框架在提出假设并检验假设方面非常有效。

在为我们的解释提供总体框架的主要理论与通常用于机制探索的具体的次要理论之间，存在着重大区别。进化生物学家通常假设进化论是成立的，然后花时间去检验有关进化如何发挥作用或如何在现实世界中产生我们期望的后果的假设。尽管在不知道事实如何的情况下，科学家假设他们的框架理论成立是合理的，但在实践中，他们通常也会假设这些框架理论的确是成立的。这似乎很奇怪，但在科学上，假设一个框架理论成立的做法是完全合理的：一个理论只是提供了一个向世界提出问题的起点。重要的是，我们不断地用实例证据来检验理论预测的东西，并根据结果调整框架理论（或其假设）。如此一来,原则上科学可以从一些完全随机的概念点开始,并通过对正确解释生物现象的理论进行检验和调整,一步一步地找到出路。

一个理论成立的标志是它可以被证明是错误的。达尔文学说在很多方面,尤其是自然选择理论的三个原则可能都是错误的。如果个体间在性状上没有差异,或没有证据证明那些性状是可遗传的,又或没有证据证明差异繁殖的存在,那么达尔文学说就不成立,还有其他多种可能性存在。达尔文学说设想生命具有单一起源,然后随着生物体遇到新的环境和新的选择压力而走向多样化,形成通过分化产生更加多样和复杂个体的类型。意思是说,地球上生命的故事应该遵循从简单向复杂的方向发展的规律。概括起来讲,这就是我们目之所睹的世界(见问题 32)。

对达尔文学说的真正挑战是,在简单的多细胞生物出现之前,甚至在最简单的早期生命出现的同一时期,有复杂生物存在的证据。前寒武纪的兔子就是一个例子。这意味着化石记录中可能存在着像兔子一样复杂的生物,而同一时期出现的其他生物只有细菌或一些简单的多细胞生物。如果真能找到这样一只兔子,将会给当前的进化论带来巨大的挑战。

一般来说,在科学上,要证明或反驳一个理论的最好方法,是将其与另一个理论比较，看哪个理论的预测更准确。很自然地，被拿来与达尔文学说进行比较的是拉马克学说(见问题2)。在迄今为止的所有检验中，拉马克学说都未能胜过达尔文学说。达尔文学说解释了许多直到20世纪才发现的现象，比如共生(两个物种和谐地生活在一起)，或者我们身体某些成分(例如存在于我们每个细胞内部的为细胞提供能量的线粒体)的病毒或细菌起源(见问题36)。

前寒武纪的兔子化石将给进化论带来巨大挑战

9. 那么，为什么有那么多人不相信达尔文学说呢？

达尔文学说虽然得到了大多数科学家的支持，但也惹怒了许多普通人，尤其是宗教人士，他们认为进化论威胁到了人类与上帝之间的圣洁关系。这些人认为达尔文学说暗示了人类远不如上帝和天使圣洁，比猿类好不了多少。严格地说，这些指责实际上并不是达尔文的错。在 18 世纪，林奈已经将人类与类人猿分门别类。达尔文只是指明了可能使这种分类在生物学上合理的机制。然而，达尔文而非林奈受到了指责，主要原因是达尔文提到了进化而林奈没有。

也许达尔文之所以引起了这样负面的反应，是因为林奈把人类、黑猩猩和猩猩归入同一属（智人属，这使得两种类人猿成了"荣誉人类"）仍留有这样一种可能，即人类是上帝选择的、藏在类人猿中的特殊生物。林奈的分类在进化是否发生（或者如何发生）的问题上相当中立。尽管解剖学上更为相似的物种可能有更近的亲缘关系这一暗示被含蓄地纳入了他的分类体系中，但林奈并未提出明确的进化主张：这一切都可能源自造物主的特殊创造。然而，达尔文学说排除了任何特殊创造的可能性。这意味着人类是通过支配所有物种进化的自然选择机制，从某些类人猿祖先进化而来的。

达尔文学说不仅挑战了人类在宇宙中的地位，而且与《圣经》中关于一切均在一周内被创造的说法相矛盾。达尔文学说暗示进化过程缓慢，可能需要数百万年才能带来改变。这也暗示了新物种是逐个出现，即在很长一段时间里通过来自祖先谱系的自然选择而出现，而不是按照《创世记》中描述的顺序出现的。当时的地质学家也认为主教的时间尺度是完全错误的。然而，一如既往，依旧是达尔文受到了指责，因为达尔文学说添加了些许关于人类的东西。

10. 为何提问题如此重要?

在许多方面，尼古拉斯·廷贝亨(Nikolaas Tinbergen)提出的四个问题能很好地概括生物世界内在的复杂性。廷贝亨是动物行为学(动物行为的自然主义研究)创始人之一，也是1973年诺贝尔生理学或医学奖共同获得者，他在1960年提出了四个问题。事实上，这四个问题中的三个是在公元前350年左右由伟大的古希腊哲学家、科学家亚里士多德在其生物学著作中首次提出的，并在20世纪30年代被朱利安·赫胥黎(Julian Huxley，现代综合进化论的创始人之一)重新阐述(见问题 23)。廷贝亨添加了第四个问题,并因此获得了赞誉。

廷贝亨指出,当生物学家问为什么会这样(比如,为什么犬只会吠叫)时,他们可能会提出四个完全不同的问题中的任何一个。这四个问题分别涉及功能(吠叫对犬只有什么益处)、机制(是什么导致犬只在特定情况下吠叫,或者犬只吠叫的生理机制是什么)、个体发育(基因和环境如何相互作用,从而使得不会吠叫的胚胎发育为会吠叫的成体)、系统发育(从一个完全不会吠叫的祖先物种到现在会吠叫的物种,它们之间有什么样的进化序列)这四个方面。

廷贝亨(还有亚里士多德!)得出了一个重要的结论,即这四个问题彼此之间是相互独立的。某一问题的答案对其他三个问题的答案没有任何影响。即使我们不知道其他问题的答案,我们仍能够研究某一个问题。在不知道动物的某种行为如何演化,或者产生这种行为的历史进化过程如何的情况下,我们仍然可以开展动物行为或生态学研究。同样,我们可以研究一种动物行为的历史起源或系统发育途径,而不必知道动物为什么需要这个特别的生理功能。如果不是这样,生物学研究几乎是不可能进行的。

为了阐明原因,可以思考一下动物如何解决跑得更快的问题(功能上的解释是,跑得更快的动物可以更有效地逃脱捕食者的追捕或捕捉猎物)。因为四足动物奔跑时,它们的四肢以几乎相同的频率移动,而且频率不能改变,因此要想跑得更快通常需要增加每一步的步幅。不同的物种通过不同的机制实现这一点:猎豹进化出了非常灵活的脊椎,脊椎可以向上弯曲,使前肢和后肢在每次跨步时都能伸展得更远;鸵鸟进化出了很长的腿(使得每一步的步幅更大);袋鼠进化出了跳跃能力,因此每一步跨得更远。换句话说,多个机制均可以支持某一个特定的功能,或者相反,一个特定的机制有时可以支持几个不同的功能。

为了跑得更快,鸵鸟进化出了很长的腿

也许最重要的教训是，我们需要谨慎行事，以免混淆不同类型或层次的解释。例如，功能解释通常与个体将其基因传递到其后代基因库中的相对能力有关，我们可以采用某个指标来衡量，例如动物觅食的效率，但前提是更高的觅食效率使得动物能够更有效地繁殖。因此，动物觅食是因为饥饿解释（或称动机解释）并不能取代动物觅食是为了给后代贡献更多基因这个功能解释。事实上，这两种解释都是必要的。基因不能控制动物的行为，因此自然选择通过设置动机这一媒介，使得动物去做它们需要做的事情，来实现适合度（实际上是指传递到后代基因库中的基因数量，或者其他一些指标，见问题 25）最大化的进化目标。（顺便说一句，这并不是一个循环论证：我本可以使用更准确的措辞，但读起来会更复杂，也会更无聊，而且科学界有一句重要的口号：无聊的事情很可能是不真实的或不重要的。）

大多数关于进化解释的分歧（尤其是生物学和其他学科之间的分歧）之所以产生，是因为各学科领域的专家都在寻找不同方式的解释（回答不同的问题），却又认为他们讨论的是同一件事情。当动物学家问为什么动物表现出某种特定的行为时，他们考虑的是行为如何帮助动物实现适合度最大化（功能解释），而心理学家通常考虑的是潜在动机（饥饿、失恋或遗传自父母的本能导致动物出现特定的行为)。同样,当动物学家对行为如何使动物实现适合度(对后代基因库贡献的基因数量)最大化产生疑问时,他们考虑的是遗传基因(性状),但其他非生物学科往往把这种解释误认为基于DNA的解释(个体发育解释)。尽管生物学家在这两种解释中都使用了"基因"一词,但实际上,该词在这两种解释中的含义完全不同。

如前所述的四个问题十分重要,因为它们提示我们,在考虑复杂的生物学解释时很容易犯错。这也是因为生物学是一门系统学科,生物现象是一个包含许多组成部分的系统,这些组成部分通过原因、约束和后果等紧扣在一起。如果我们在解释生物现象时混淆了这些不同的组成部分,就会犯严重的错误。这一点在后文我们分析特定案例时会变得非常清楚。

2 进化与适应

11. 物种如何适应环境？

达尔文认为，物种对环境的适应能力不断增强，是因为能更好地适应环境的变异体（或我们所说的突变体）能更好地存活和更成功地繁殖。适应能力更强的变异体在种群中逐渐占据优势地位，不可阻挡地驱动物种向适应能力更强的特定形态转变，适应能力稍弱的变异体则无法繁殖并被淘汰。

我们现在知道，事实正是如此。彼得·格兰特（Peter Grant）和罗斯玛丽·格兰特（Rosemary Grant）通过对科隆群岛的达尔文雀进行30年的研究，为达尔文的上述观点提供了明确的证据。他们证实，随着每年食物资源的变化，达尔文雀种群内喙的大小会发生微小但重要的变化，这多少能使大小不同的喙更有效地取食大小和硬度不同的种子。达尔文雀为微进化提供了范例，即性状在应对环境挑战时会发生微小和缓慢的变化。

有时，大规模的适应也可以快速地发生。这种现象通常以适应辐射的形式出现在化石记录中。适应辐射是指某谱系在很短的地质时间内快速分化出新物种，最常见于某物种入侵一个缺少竞争者的新栖息地时（这种情况称为生态释放）。在这种情况下，种群数量迅速增长，然后随着各个种群适应不同的生态位而进一步分化。马达加斯加岛的狐猴就是这样一个例子。4000 万～5000 万年前，与非洲大陆的婴猴类似的早期原猴亚目灵长类动物随着植物等漂浮物（如被洪水连根拔起并冲入海中的高大树木）漂到马达加斯加岛（即便如今，这种情况在非洲仍很常见）。当时，马达加斯加岛除了少数几种鸟外，无其他动物栖息。由于没有哺乳动物竞争者（更重要的是没有捕食者），初来乍到的灵长类动物在岛上物资富饶的环境中迅速繁殖，并分化出多个新物种。基于同样的原因，早期智人（尼安德特人的祖先，见问题 62）可能在他们第一次从非洲进入欧洲后不久便成了狩猎者：欧洲有数量充足的大型群居动物（野牛、马、鹿、猛犸象等），但捕食者很少；这些早期的人类能够以某种方式迁入捕食者生态位，而在非洲他们无法做到这一点，因为在那里，早在人属（现代人就归于这个属）出现之前就已经建立了兼具小型和大型捕食者的完善的生态系统。

最好的适应辐射的例子是 6500 万年前白垩纪末期恐龙灭绝后哺乳动物的崛起事件（见问题 47）。在相对较短的时间内，诸多恐龙的灭绝为其他物种提供了多种多样的生态位。哺乳动物的祖先（主要是像松鼠一样生活在树上的小动物或像獾一样在林地植被中窜来窜去的动物）迅速分化出一系列新谱系，包括灵长类、食虫类、食肉类和有蹄类动物的祖先。

12. 我们怎样识别适应？

生物学家通常用以下两种方法来识别适应。一种是证明某一性状在解剖学上或生理学上与它所执行的功能相适应（围绕目的进行完善的机制设计）；另一种是证明性状更独特的个体具有更强的适应能力（无论是生存成功还是繁殖成功）。进化生物学家西奥多修斯·杜布赞斯基观察到，这两种方法的区别在于被（动）适应和（主动）适应的差异。后者是对主动适应过程的历史回顾，而前者是适应过程最终带来的结果。这些过程和结果为进化基础提供了重要的验证，所以请耐心地听我详述一二。这为进化论的实证提供了重要支撑。

第一种方法最好的验证实例之一就是眼睛。很明显，眼睛的功能比触觉和嗅觉这两种感知方式更能使我们详细和广泛地观察周围的世界。对其解剖结构的详细了解表明，眼睛的结构和工作方式确实与它执行的功能相适应。光线从眼睛的开口处进入，晶状体将光线聚焦在眼睛后部，眼睛后部的感光面（视网膜）对透过晶状体的光线做出反应。光对视网膜细胞的刺激会激活神经元（视神经），神经元将信号传递给大脑，然后大脑对信号进行处理,从而让我们看到东西。这也是相机的工作原理,而且实际情况是,我们已经能精确地利用这种原理制造出实用的相机。

仔细观察后不难发现,至少在脊椎动物的眼睛里,还有一些更精妙的结构能体现适应。一种是开口处(瞳孔)的隔膜(虹膜),它可以调节进入眼睛的光的强度,防止过亮的光线损伤视网膜,也可以在光线较暗的时候(比如晚上)使更多的光线到达视网膜,从而增加视网膜细胞受到的光刺激。晶状体本身也很好地适应了它的特殊功能:它是由一种高折射率的物质组成的,可以极大地降低视网膜上图像的模糊程度。它的形状(像放大镜一样,边缘很薄)允许光以更高的折射率被折射,使光线集中在视网膜的较小区域,从而形成更清晰的图像。这个聚焦过程得到了眼睛内玻璃体的辅助,玻璃体的折射率比空气高,有助于聚焦光线。从工程设计的角度看,眼睛的结构堪称奇迹。

在整个动物界,眼睛已经独立进化了多达 50 次,有许多中间形态,例如涡虫和鹦鹉螺的眼睛类似于简单的针孔相机,许多昆虫的眼睛是由多个晶状体组成的复眼,脊椎动物的眼睛同样复杂,但与昆虫的复眼差异很大。其中许多形态可以被看作高级脊椎动物眼睛进化过程中复杂形式的中间阶段。这些形态代表了不同谱系对同一生境问题(例如,如何看清前进方向以及如何躲避捕食者)的不同解决方案。因此,眼睛的不同形态为自然选择提供了一些间接的证据,因为如果进化是完全随机的,不同谱系没有理由趋向于采取相同的解决方案(见问题29)。

更有趣的是,不管动物的眼睛是何形态,它们都有相同的遗传机制(也许是因为眼睛实际上是大脑的特化产物),而且它们都在视网膜上借助相同的视蛋白(光敏蛋白质)作为光探测器。这可能是趋同进化的一个例子,因为解决某个问题的物理或化学方法实际上只有一种,所以亲缘关系较远的物种会针对这个问题采取同样的解决方案。然而,不同谱系间存在着许多差异,这些差异反映了它们的生活方式的独特需求。蜜蜂和其他许多昆虫的眼睛对紫外线(人眼看不见)很敏感,因为许多颜色的花吸收或反射的光都处于紫外线的波长范围内。总的来说,我们人类对寻找这样的花兴趣不大,但对寻找花蜜的蜜蜂来说却是生死攸关的事情。同样地,鹰眼比人类的眼睛敏锐得多,这使得它们在飞行时能发现很远距离外的猎物。就像所有猴和猿的眼睛一样,人类的眼睛更适应于近距离观察水果、其他人的面部表情和捕食者(但仅限于当它们离我们足够近,对我们造成威胁时)。

识别适应的第二种方法中,有两种识别途径。一种途径是达尔文自己开创的:通过数据比较以确定两种性状在不同物种间的相关性。有一项研究将睾丸大小作为变量创建了灵长类动物交配系统的函数，以验证混交制中的雄性需要比单配制中的雄性产生更多精子（因此需要更大的睾丸）这个假设。在混交制中，由于雄性需要面对更多竞争对手，所以向雌性生殖道中输送尽可能多的精子对雄性是有利的，这能增加雄性的精子与雌性的卵子结合的机会，而不管雌性已经与多少雄性进行了交配。这导致了一场不断升级的进化"军备竞赛"，其中部分个体（或物种）为了在竞争中胜过对手而稳步增强某些性状。如果任其发展，"军备竞赛"最终将导致雄性进化出巨大的睾丸。这种情况之所以没有发生，是因为任何发育过程都需要付出高昂的代价，最终，竞争成本开始超过这些性状带来的生殖优势。在专业上，这被称作稳定选择——偏离性状平均值将使个体在选择中处于不利地位，其一是使个体缺乏竞争力，其二是导致竞争成本过高。

这些分析有个缺点，即它们仅能确定两个性状之间的相关性。然而，仅由相关性无法推断因果关系（哪个性状在选择另一个）。不过，如今已有一些相当精确的统计方法，可以通过确定性状在某些类群进化过程中的变化顺序来检验因果关系的方向。性状的变化顺序是通过使用现生物种的数据来重建它们共同祖先的最有可能的性状变化序列来确定的。当然，这些统计方法依赖于确切地知道物种之间的亲缘关系，因此需要一些可靠的方法来重建系统发育历史（不同物种类群的进化历史，见问题30和44）。

另一种识别途径是使用“婴儿计数法”，即了解那些具有更好的性状的个体是否具有更强的适应能力。在一个种群中，体型较大的动物是否比体型较小的动物存活时间更长？或者更重要的，是否繁殖更多的后代？彼得·格兰特和罗斯玛丽·格兰特在研究达尔文雀时证明了这一点：具有较重或较短的喙的鸟类（短喙咬合更有力）能够在食物紧缺时咬开更坚硬的种子，这样它们更有可能在境况很糟糕的时期生存下来并进行繁殖（见问题11）。同样地，像鹿或猴这样的哺乳动物，雄性个体为争夺繁殖的控制权而打斗，有更大概率击败对手的雄性个体能繁殖更多后代，那么这些雄性个体是否有更大的角或尖牙来打斗呢？

有时候，这类验证可以通过实验研究来进行。另一项关于鸟类的研究为此提供了范例。这项研究旨在检验雄性长尾巧织雀是否用它长达半米、相当笨重的尾巴来向经过的雌性展示雄风，驱使雌性与它进行交配（就像孔雀开屏那样）。一项在野外进行的实验研究中，瑞典生物学家马尔特·安德松（Malte Andersson）捕捉雄性长尾巧织雀，并且人为地加长或缩短它们的尾巴。当把它们放回求偶场后,研究人员发现尾巴被加长的雄性比尾巴长度没有变化的雄性能够吸引更多的雌性,而尾巴被缩短的雄性吸引的雌性更少——尽管它们能够像其他雄性一样保卫自己的求偶场。这项研究也很好地证明了性选择(见问题 6)的作用,特别是雌性的喜好驱动了性状的进化。

这类非常成功的研究聚焦于觅食效率,后来衍生出了最优觅食理论。该研究通过实验室实验和田野试验,以及自然观察,来验证动物是否能根据能量摄入最大化这一功能需求来选择其可利用的资源。其前提是,如果自然选择对物种的决策能力进行了微调,动物将能够平衡单一食物来源的丰富性及可用性,更喜欢除去获取和处理成本后能量回报最大的食物,并在一种食物来源变得不划算的时候改觅另一种食物。最优觅食理论利用微观经济学中的最优化运算(这个方法借鉴自统计物理学)对动物行为做出非常精确的预测,其中许多预测得到了实验结果的证实。实际上,最优觅食理论非常成功地验证了动物选择能力的适应性,以及自然选择如何对这些能力进行微调。

现代分子遗传学偶尔会为我们验证适应性提供新的方法。猛犸象一直生活在沿北极冰盖南缘分布的西伯利亚苔原上,直到 4000 年前才灭绝。时不时会有猛犸象死于暴风雪,并被包裹在冰雪坟墓里。20 世纪后期,随着冰雪融化,完整的猛犸象尸体暴露出来。通过从它们的尸体中提取的 DNA,可以检测它们的 DNA 与生活在遥远的赤道附近的近缘大象 DNA 之间的差异。结果发现,这两个物种的血红蛋白基因有 4 个位点出现了差异,所以猛犸象的血红蛋白在大气温度接近 0℃时仍能运输氧气,而大象的血红蛋白在相同条件下则会凝固。这就是猛犸象能够以现生大象无法做到的方式在西伯利亚的冬天生存下来的原因。

现在的大象的血红蛋白在气温接近0 ℃时会凝固

13. 新性状是如何出现的？

虽然这并非不可能，但新性状凭空出现（从无到有）实属罕见。大多数情况下，新性状是为达到新目的，通过调整现有的性状而产生的。这里举两个例子。

听小骨是哺乳动物中耳鼓室内的三块小骨。它们连接耳膜（位于外耳的薄膜，通过空气传导声波的振动）和内耳的耳蜗，耳蜗将这些振动转化为神经信号发送到大脑，从而使我们能够听到声音。这三块听小骨只有3～5毫米长，是人体中最小的骨头。它们来源于哺乳动物的爬行动物祖先的三块颌骨。所有爬行动物的下颌都由左右两侧各五块骨头组成，这些骨头很微弱地结合在一起。因为爬行动物在爬行（例如蛇）或休憩（例如蜥蜴、鳄鱼）时经常把下颌贴在地面上，所以它们通过下颌来听声音：下颌能够捕捉由动物移动引起的地面振动，并将振动转化为听觉（声音）信号传输到大脑。

当早期哺乳动物从这样的爬行动物祖先进化而来，开始适应咀嚼植物时，它们的牙齿需要被牢牢固定——爬行动物的牙根很浅，在咀嚼时很容易脱落，因此需要一个更结实、更稳定的下颌。为解决这个问题，早期的哺乳动物对颌骨前端的两块骨头进行了调整，将它们结合、加固，以容纳恒齿。另一端（头骨）的三块骨头变得多余，但它们的听觉功能使它们在被调整缩小后成为听觉系统的一部分。就像我们的爬行动物祖先一样，我们仍然通过我们的“颌”来感知声音。

自然选择调整性状的另一个例子是激素的作用。由于神经肽催产素似乎与能够促进浪漫关系的信任和亲密关系密切相关，它作为“爱的荷尔蒙”已经引起了广泛的关注。事实上，这种有益的神经激素非常古老，是从鱼类进化而来的，在需要防止身体组织从环境中吸收过多的水分时管理身体的水平衡。当一些早期鱼类最终登陆，并分化出两栖动物时，催产素继续起着同样的作用——尽管现在的环境更干燥，但催产素的作用依旧是维持身体的体液水平。后来，当最早的哺乳动物进化而出现时，催产素拥有了一项新的重要功能：维持哺乳期泌乳时的体液水平。从这里伊始，催产素成了维系母体与幼体之间关系的纽带，以确保母体愿意继续为幼体提供乳汁和保护。也是从这时开始，催产素被用来促进单配制物种中的配对关系（亲代之间的“浪漫”关系），以确保幼体能得到哺乳。

事实上，条条大路通罗马，并不是所有为相同目的而采取的适应策略看起来都是一样的。尽管鱼类和海豚等海洋哺乳动物最初的身体体型和结构大相径庭，但它们具有相似的外形，这反映了它们对高速游动需求的适应。同样地，尽管不同物种有着不同的解剖学起源，但能够飞翔的昆虫、鸟类和蝙蝠都进化出了能高效飞行的翅膀。鼯猴(又称猫猴、飞猴)和其他滑翔哺乳动物呈现了进化过程中的一种过渡状态,它们身体两侧的手臂和腿部之间的翼膜为滑翔提供了条件,使得它们能够滑翔超过 100 米。

14. 拟态是一种适应现象吗?

拟态是指一个物种在外形、姿态、颜色、斑纹或行为等方面模仿他种有毒或不可食生物以躲避天敌的现象。拟态可以作为趋同进化的典型案例。一个使博物学家和生物学家们在过去 150 多年里为之着迷的例子就是,一些美味可口的物种看起来却像剧毒的物种。这被称为贝茨拟态(Batesian mimicry),这样的例子还包括多种“美味可口”的蝴蝶看起来很像有毒的袖蝶属的蝴蝶。如果“可口”的模仿者比有毒的被模仿者少,捕食者很可能首先尝试捕食被模仿者,然后再去捕食其他看起来与被模仿者相似的个体。如果拟态变得太常见,这个策略就行不通了,因为天真的捕食者在真正遇到有毒物种之前就会捕食很多模仿者。水孔蛸属的章鱼是更奇特的例子,当捕食者接近时,它们能够通过调整自己的体型和颜色来模仿海蛇或狮子鱼——这两个物种都有剧毒。一种被称为变色龙藤蔓的植物可以改变自身的可食用的叶子的形状和颜色,使叶子看起来像它们寄居的特定宿主植物的难以下咽的叶子,从而转移食草动物的注意力而不去吃它们。

另一种同样常见的拟态类型是米勒拟态(Müllerian mimicry),是指毒性较弱的不可食物种模仿毒性较强的不可食物种以分担捕食风险的现象。这使得它们可以互相利用:如果一个“天真”的捕食者尝试了其中一个物种并发现它并不美味可口,它也会避开另一个物种。在许多类似的情况下,它们也进化出红色或橙色等显眼的颜色,使自身容易被看见。帝王蝶和总督蝶就有这样的关系。总督蝶的一些亚种还与斑蝶科的其他物种类似,这些斑蝶科物种有食用有毒乳草的习惯,对大多数捕食者来说是有剧毒的。

还有一种不常见的拟态类型是自拟态(automimicry),即生物身体的一个部位看起来像另一个部位(通常是尾巴看起来像头部)。这种拟态可以分散捕食者的注意力,误导捕食者攻击猎物的尾巴,而不是更脆弱的头部,这样猎物就可以丢下尾巴逃逸。鸺鹠的后脑勺有眼状斑点,可能是为了误导捕食者,让捕食者以为自己被猎物发现了——大多数捕食者不会费心去攻击已经发现自己的猎物,因为失去突袭的优势后就不太可能捕捉到猎物了。天蛾毛虫的尾部末端也有眼状斑点:毛虫受到惊吓时,其头部缩回,在身体后部留下大“眼睛”面对捕食者。

捕食者会误认为猎物太大，难以制服，于是急忙后退，去寻找更容易对付的猎物。

或许最“厚颜无耻”的拟态，是一些植物的花朵看起来像一些捕食者的雌性目标猎物的生殖器官。这种现象被称为伪交配拟态[pseudocopulation mimicry，或者以其发现者的名字命名为波氏拟态(Pouyannian mimicry)]，这在兰花中特别常见。兰花的花朵通常模拟雌性蜜蜂和黄蜂的生殖器官，后两者是植物的主要传粉者。这会诱使传粉者找到兰花而不是其他物种，从而最大限度地提高花粉从一朵花传播到同一物种的另一朵

螳螂善于伪装

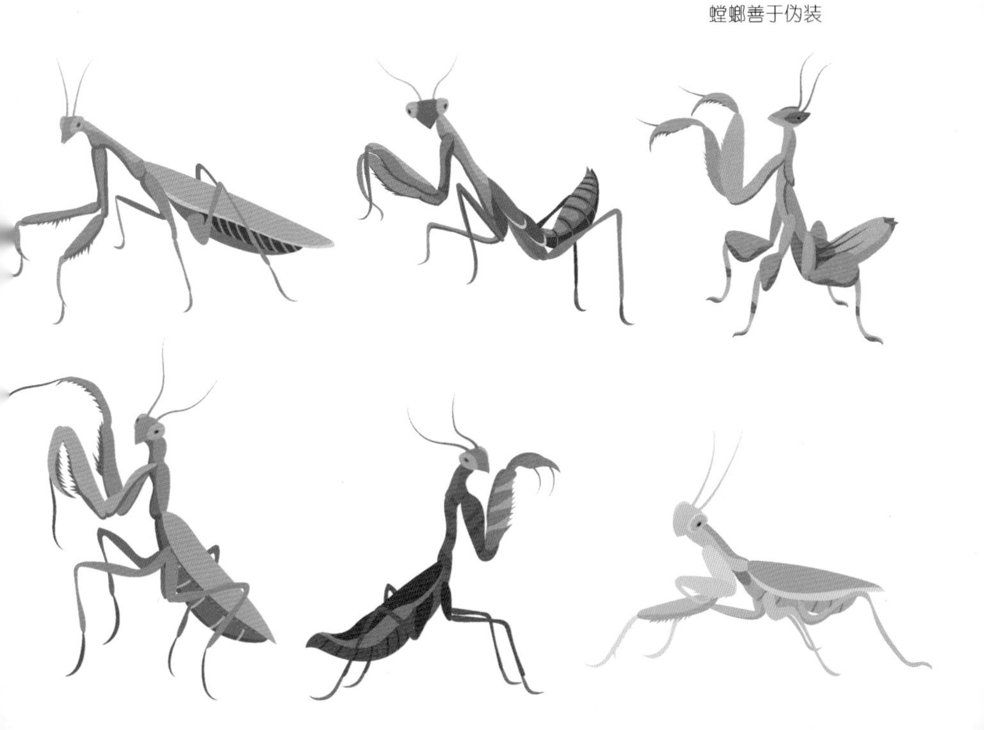

花的可能性。

伪装,即动物与环境融为一体以避免被捕食者发现,这也是一种拟态。有些蚜虫模仿刺或叶子以避免被路过的捕食者发现。像变色龙、螳螂和魔鬼蝎子鱼这样的伏击型捕食者都依靠不同形式的伪装来捕捉没有注意到它们的大意的猎物。许多底栖的比目鱼(比如欧鲽鱼和斑纹须鲨)为了更好地融入环境,会在沙质海床上扇动“翅膀”,把沙子撒在自己身上。

到目前为止,最著名的伪装适应的例子是桦尺蠖。在1811年以前,英国仅存在白色的桦尺蠖,然而第一次工业革命开始后,在北方主要工业城市周围出现了大量的黑色桦尺蠖。到1895年,白色桦尺蠖的比例只有2%。在20世纪50年代进行的一次经典的野外调查中,伯纳德·凯特尔韦尔(Bernard Kettlewell)发现,鸟类不太容易发现北部工业城市中被烟尘染色的树上的黑色桦尺蠖,而在空气更清新的英格兰西南部,黑色桦尺蠖比白色桦尺蠖更显眼也更容易被鸟类捕食。正是这种捕食压力和外形与环境的反差导致桦尺蠖容易被捕食者发现,因而发生进化,这为伪装适应和达尔文的适应原则提供了一个令人信服的例子。

15. 痕迹器官可以为进化提供什么证据?

在某些谱系中,物种的一些器官急剧衰退到不再行使任何功能,这些器官称为痕迹器官。这为进化提供了一些令人着迷的见解与令人信服的证据。除非这些痕迹器官是从祖先那里继承下来且发挥过重要功能的,否则它们不可能存在。而现在,它们毫无作用,有时甚至碍手碍脚,只是作为一种对过往历史的"怀念"而存在。

在某些情况下,由于某个谱系采取了一种新的生存方式(就像鲸类从陆地重返海洋那样),它的原始器官因为不再是必需的而逐渐消失或大幅退化。许多时候,一些物种身上仍然有原始器官的痕迹。例如,在须鲸体内发现的小而独立的后肢骨,以及不能飞翔的鸸鹋和鸵鸟依旧拥有的已严重退化的翅膀。其他例子还包括马蹄内残余的脚趾(马的祖先是四趾动物),在黑暗环境下生活的鼹鼠和地下水域中生活的鱼的盲眼,残留在蟒和蚺泄殖腔两侧的小骨刺状的骨盆残余结构,等等。

人类有许多痕迹器官,比如埋藏在脊柱底部的尾骨(当然,这在其他类人猿体内也存在)和结膜半月皱襞(在鸟类和爬行动物中形成"第三眼睑"的瞬膜的残余,其功能是在不妨碍视觉的情况下保护眼球)。如果在一次尴尬的跌倒中摔断尾骨,或者在女性生产时,尾骨处会产生疼痛感(尽管后面这种情况下并不常见)。阑尾(位于小肠区和大肠区之间的囊状结构)被认为是盲肠的残余部分。在一些灵长类动物中,盲肠中储存着有助于消化树叶的细菌——顺便提一下,这个解释最初是由达尔文本人提出的。

起“鸡皮疙瘩”的现象表明我们依然保留了竖起毛发的能力(就像狗和黑猩猩在受到威胁时竖起颈部毛发一样):即使如今我们没有毛发可以竖立,毛囊底部少部分的肌肉仍然可以收缩,导致皮肤起皱。许多在新生儿身上短暂出现的反射现象都有类似的起源:新生儿的抓握反射(通过抓住成人的两根手指来支撑自己的身体),以及莫罗反射(又称惊跳反射,新生儿受声音惊吓或身体暂时失去支撑时,会两手向外抓,两臂外展伸直,继而屈曲内收到胸前,呈抱物状)。这两种反射现象都源于这样一个事实:原始的猴和猿都将幼崽置于腹部下方,同时幼崽紧紧抓住母亲腹部的皮毛。这两种反射现象在婴儿出生半年左右后就会自然消失。

我们的智齿(每个下颌象限后部很小的第三臼齿)是另一个痕迹器官:智齿体积大幅缩小,有些人种甚至没有智齿(例如墨西哥印第安人,他们不具智齿的现象与两个特定基因有关)。

如果具有智齿，那么智齿会在十几岁或20岁出头的时候萌出（因此智齿被认为是智慧的象征）——这是许多哺乳动物在需要大量咀嚼粗糙植物性食物时延长磨牙寿命的一种适应。（大象就很极端：由于它们的食物非常粗糙，因此它们的每个下颌象限都只有一颗臼齿，每颗臼齿磨损殆尽时就被下一颗新齿顶掉。）智齿的退化和消失反映了人类进化史后期饮食变化导致的进化，即不再那么重视食物的研磨。正因为如此，智齿给我们带来了许多问题：当它们开始萌出牙龈表面时，很容易与相邻的牙齿挤压，带来相当大的疼痛感；如果智齿周围的残余食物腐烂，也会增加患龋齿的风险。

并非所有的痕迹器官都没有功能。在某些情况下，它们的

企鹅的翅膀不能用于飞翔，但已适应游泳

作用可能已经被调整了，用以满足新的需求（扩展适应），往往被重新塑造和定位。最著名的例子（见问题13）是前面提到的听小骨（埋在我们的中耳鼓室内的三块小骨），它们源自对爬行动物祖先颌骨的重塑。另一个例子是企鹅的翅膀：它们不能用来飞行，但已经非常成功地适应了游泳。在人类的胚胎发育早期短暂出现的鳃裂（或鳃弓）可能是另一个例子：鳃裂很快转变为了下巴和脖子。因为鳃裂的位置和形状类似于鱼类的鳃，鳃让鱼类能在水中“呼吸”。这提示鳃裂可能是我们从鱼类祖先那儿遗传下来的一部分。

由于真正的痕迹器官是没有功能的，因此除非它们是现生物种从曾经使用过它们的祖先那里继承下来的，否则很难理解它们如何能够存在。这也是反驳世界是按我们所看到的那样被创造出来的这种说法的有力证据。没有哪位万能的造物主会想到自己设计的任何物种拥有这些基本上毫无意义，有时还带来不便的器官——更不用说像阑尾和智齿一样会给我们带来麻烦和问题的器官。

16. 进化的速度有多快？

进化的速度取决于选择压力的大小，而选择压力通常又受地球气候大规模变化的影响(见问题17)。动植物受气候变化影响的程度则取决于它们生活在哪里。海洋栖息地,尤其是深海栖息地,受地表气候变化的影响相对较小。因此,生活在海洋深处的物种经历的进化改变较小。例如,现生鲨鱼在形状和外观上与1亿年前的鲨鱼化石几乎完全相同。事实上,鲨鱼中最古老的成员可以追溯到4亿年前,远早于动植物迁徙到陆地上的时间。

在其他情况下,当生物体面临更强烈的选择作用时,进化速度可能相当快。据粗略估计,一个新性状扩散到整个物种中成为常态大约需要经历1000个世代。对于人类来说,由于世代长度(从你出生到你自己的后代出生之间的时间)大约为25年,所以需要大约25000年;但是对于一天可以经历数百代的病毒来说,可能只需要几天。

然而,当选择压力足够大时,性状的进化可以相当迅速。北极熊和棕熊的亲缘关系很近,其中北极熊是由20000年前末次冰盛期以来隔绝在东西伯利亚的棕熊种群进化而来的。因此,这两个物种之间显著的外貌差异,以及北极熊具有的游泳与抵御北极严寒的能力,是在一段相对较短的时间内进化出来的。在此期间,东西伯利亚的北极熊种群一定处于非常大的选择压力之下。

另一个例子是一些成人具备消化牛奶的能力。在包括人类在内的大多数哺乳动物中，消化牛奶中的乳糖的能力通常在新生个体断奶后便丧失，在农业社会之前，人类幼儿通常在4岁左右断奶。结果，大多数人种的儿童和成人都患有乳糖不耐受症：饮用生牛奶会导致呕吐和腹泻，如大量饮用甚至会导致死亡。成人对生牛奶的耐受能力是高加索人(又称欧罗巴人)和一些饲养牛的民族所独有的，后者包括西非的富拉尼人、东非的马赛人及相关人种(他们可能都有地中海人种血统)。对生牛奶的耐受能力起源于10500年前首次驯化牛的高加索人的祖先。当高加索人迁移到欧洲高纬度地区时，成人喝牛奶的需求就变得至关重要，因为欧洲特有的低光照水平使皮肤难以

北极熊具有抵御北极严寒的能力

合成维生素D,进而影响钙的吸收(见问题68)。牛奶则提供了现成的维生素D和钙——前提是对其中的乳糖耐受。乳糖耐受代表了试图生活在高纬度地区的人类面对全新问题的特定适应——这是一个很好的说明生物过程如何相互关联的范例。

虽然进化可以在巨大的选择压力下很快发生,但实际上大多数选择压力是适中的。在现实世界中,对一系列性状的选择优势(实际上,这是指与标准性状相比,一个新的突变性状对下一代基因的额外贡献)的估计值通常为5%～10%。照此情形,新性状需要经过很多代的进化才能在一个物种中扩散开来变成常态。

17. 气候变化如何影响进化?

当环境变化足以挑战动物的生存能力和繁殖能力时,当竞争者或捕食者消失时,或者当动物迁徙到新栖息地获得新的生机时,进化就会发生。环境质量或植被逐年发生的缓慢变化,可造成较小尺度的改变。大尺度的进化常由几十年间(而非几千年)的气候变化引起。这通常与冰期或气候迅速变暖等事件有关,这些事件既影响动物维持体温的能力,也影响它们的食物供应质量和数量。达尔文自己也意识到理解进化的关键在于了解地球历史上主要的地质和气候模式。

概括来讲,在过去的5亿年间,地球的气候逐渐变冷。但在过去很长一段时间里,北方的陆地被温暖的浅海包围,即便在如伦敦那样的高纬度地区也盛行热带气候。自大约250万年前,一系列冰期开启,地球进入了一个漫长的冷却期。较冷的时期(冰期)和较暖的时期(间冰期)交替出现,强度越来越大,最终进入目前的冰期。该冰期开始于大约50万年前,并在大约3万年前达到顶峰,一系列冷暖交替的时期大约已持续10万年。

虽然我们尚不完全清楚是什么引发了冰期,它为何会循环出现,但地质学家认为它反映了地球构造板块运动的各种组合(因此也反映了大陆的位置,以及大陆对气团和洋流运动的影响)、甲烷和其他温室气体的积累与消散、米兰科维奇旋回(Milankovitch cycle,相当有规律的地球公转轨道变化)、地月距离的变化、巨大流星的偶然撞击,以及火山活动等现象。

米兰科维奇旋回(以20世纪20年代发现这个周期变化的天文学家米卢廷·米兰科维奇的名字命名)具有3个关键的组成部分,每个组成部分都有各自的周期:地球公转轨道的偏心率(在 10 万年的时间里,从 0 到 1 不断变化);黄赤交角(变化周期为 41000 年);岁差,它影响两极指向的方向,是由太阳和月亮以大致相等的比例施加于地球的潮汐力引起的(周期大约为 25800 年)。此外,最近还发现了由于木星和土星的引力作用而形成的一些周期,它们的作用要比上述 3 个关键组成部分弱很多。因为每一个组成部分既影响从太阳到达地球的辐射量,也影响着两个半球之间的辐射均匀度,所以它们都对地球气候有非常特殊的影响。当所有这些周期重合时(每 40 万年一次),地球就会经历更多的极端气候。

此外,还有神秘的地磁场倒转现象。两极反转(南磁极变成北磁极)以完全不可预计的时间间隔发生,并且可以持续几十上百年到成百上千年不等的时间。地质学家无法确定它为什么会发生,巨大的彗星撞击地球是可能的解释之一。不管怎样,人们认为地磁极性的变化可能与大灭绝事件有关,可能是因为大灭绝事件与活跃的火山活动有关,而火山活动将大量火山灰释放到大气层,阻挡太阳辐射,导致地球局部出现核冬天现象(见问题 46)。

气候变化有时发生得十分突然和快速。在大约 10000 年前“新仙女木事件”(Younger Dryas event)结束时,全球平均气温在短短 50 年内上升了 7 ℃。与这次灾难性的气候事件相比,目前对全球变暖的担忧几乎微不足道。“新仙女木事件”是指北半球在1000多年里短暂回到了冰期时的状态,这似乎是由阻挡加拿大冰川湖阿加西湖的冰盖崩塌引发的。大量的寒冷湖水被释放到北大西洋,导致全球海平面在300年的时间里上升了约13.5米,并阻挡了墨西哥湾流(也被称为北大西洋传送带),这支暖流能把来自加勒比海的温暖海水带到北大西洋,从而为英国和北欧带来暖冬。这一系列变化导致北半球的气温在1000年里骤降了10℃,冰川和冻原重新出现在北方大陆。然后,当北方寒流和南方暖流汇聚时,全球又开始变暖,标志着冰期的结束。

这对理解进化的重要启示是,陆地气候从来没有停止过变化:它们总是在变化之中,时快时慢。气候除了会影响一个地区的冷暖和湿度,也会对特定地区的植被类型和质量产生重大影响。在距今5000~11000年以前,更加凉爽、湿润的气候使得现在的撒哈拉沙漠在当时郁郁葱葱,生活着数量繁多的大象、长颈鹿和其他林地动物。在过去1000年左右的时间里,气候变暖导致了逐步的沙漠化。

在这样的两个时期之间,气候和植被是决定一个地区是否适合特定物种生存的主要因素。一个完全适应某种气候条件的物种在几千年后会突然发现自己完全不适应新的气候条件了。如果气候变化速度缓慢,植被带和温度带就会缓慢移动,一个物种也许能够慢慢适应它们。如果它们飞速变化,物种可能会发现自己出现在错误的时间和错误的地点,从而很可能快速走向灭绝(见问题45)。

18. 进化的结果必定是完美的吗?

一个对进化的常见误解是,认为它一定会使生物体的身体构造越来越好。但是,达尔文学说描述的并不是一个尽善尽美的过程。与拉马克学说相比,达尔文学说中的自然选择并不一定将生物引入走向完美的途径。相反,借用一个经济学术语来说,自然选择是一个满意决策模型(只是"目前足够好"而已)。换句话说,只要你能生存下来,并且比你的对手做得更好,那就足够了。羚羊不一定要成为地球上跑得最快的动物,但它必须跑得比试图猎杀它的狮子更快。出于同样的理由,狮子和其他捕食者不必以最快的速度跑"马拉松",也不需要抓住所有猎物,它们只需要快到能捕捉足够的猎物来生存就好。

此外,也许更重要的是,进化是一个希思·罗宾逊(Heath Robinson)过程:它总是从一个特定的生物体开始,只是对其身体构造进行调整——在这里做出微小的改变,或在那里调整一下性状。每个物种都有自己的进化历史,而那段历史又是限制物种能做什么的“包袱”。此外,因为一个生物体就是一个由不同部分组成的复杂系统,不同部分之间已经相互适应,大多数变化更可能导致生物体的死亡,而不是骤然出现的美好未来。即使是细微的变化也可能对生物体其他方面的生物学特征产生不利影响,并威胁到生物体的生存——这提醒我们,生物体是复杂的整合系统,其组成部分通过自然选择得到充分磨合,从而能很好地协同工作。

举个例子,一种食草动物在觅食时想触碰到更高处,以便在较高的树上找到其他食草动物无法得到的食物。长颈鹿的进化策略是增加脖子的长度。只需调整控制颈椎骨大小的基因,让颈椎骨长得更大一点,就可以很容易地做到这一点:长颈鹿的颈椎骨数量与人类相同,但每一节颈椎都更长,所以长颈鹿的脖子比人类的长。然而,这也增加了保持颈部直立所需的肌肉数量。这反过来意味着长颈鹿需要吃更多的食物来为这些肌肉提供能量,需要一颗更强大的心脏,以克服重力作用,实现远距离垂直输送血液,还需要更好的心脏瓣膜来防止血液在重力作用下从大脑回流至心脏,以及一些防止躺下时血液涌入大脑引起血管爆裂的机制。一个简单的问题很快变成了一系列额外的问题并需要解决,这或许可以解释为什么没有太多的物种选择这种特殊的进化策略。简而言之，实际上，像猴那样在树上攀爬可能才是一个更容易的进化策略。

19. 为什么有些生物学特征似乎被“设计”得很差？

自然选择只能对特定的“材料”发挥作用，而且它只是试图在环境发生变化时改善“材料”。生物体特定部分的构造方式或特定性状与其他部分间的相互作用对生物体产生的约束，可能会限制生物体为获得新功能而发生改变的程度。这通常会导致不那么完美的适应——或者，至少可以说，不像从零开始设计的生物体那么完美。

最著名的不完美适应例子也许是脊椎动物的眼睛。集中分布在眼睛后部视网膜中的神经将信号从视网膜中的感光细胞传递到大脑中的视觉处理区域，并形成了通往大脑的视神经。最合理的传递途径是让每个视网膜细胞的视神经从视网膜后方伸出，然后束聚在一起。但事实上，视神经出现在视网膜前方，所以在进入大脑前必须先穿过视网膜。这样一来，视网膜上就形成了一个没有感光细胞的小区域——盲点。为了弥补这一缺陷，眼睛通过左右移动眼珠使得原本落在盲点上的光偶尔会落在盲点周围的感光细胞上。然后，大脑必须适应这种眼部运动，根据一段时间内接收到的不同输入信号的平均值，“绘制”出一幅完整的图像。这种生物学特征设计很难赢得“理想设计展览奖”。

令人倍感困惑的是，眼睛并不是都必须“设计”成脊椎动物那样。章鱼的眼睛就是另外一种“设计”：光感受器上的神经位于视网膜的后方，合并为一束神经穿过眼睛，而不需要穿过视网膜，所以章鱼的视网膜上没有盲点。这可能只是一种五五开的情况，即一种生物机制可能以两种方式实现：一种体现在章鱼身上，另一种体现在脊椎动物的祖先身上。

另一个著名的不完美适应例子是，脊椎动物（而非无脊椎动物）感觉神经发生左右交叉，因此来自身体左侧的感觉信号在大脑右半球进行处理，而来自身体右侧的感觉信号在大脑左半球进行处理。出现这种相当奇怪且不理想的“设计”的原因是，脊椎动物在发育的早期（但在基本神经结构已经成型之后），胚胎扭曲导致身体和大脑发生左右颠倒。虽然人们在很久以前就知道这一现象了，但没有人知道为什么会发生这种现象。

这类低效率的不完美适应还有一个我们更熟悉的日常例子，也就是人类的脊背。我们的祖先决定用两足（两条腿）行走，而不是像其他猴和猿那样用四足（四条腿）行走，这就给我们背部位置较低的椎骨施加了很大的压力，因为这些椎骨必须承担我们头部和躯干的全部重量。当然，我们本可以轻易地通过进化出大量带有柔软边缘的椎体用以保护椎间盘，并防止它们“滑动”（腰痛的主要原因），但是这将极大地降低我们脊柱的柔韧性，不利于奔跑和投掷长矛（投掷长矛时，整个上半身都需扭转）。相反，我们似乎选择了接受这样一个事实，有人遭受着腰背不适的问题，而其他人却可以跑跑跳跳——这或许也提醒我们，进化偏向的是大多数人，而非所有人的完美。

从某种重要意义上来说，“设计糟糕”的证据就是反对神圣的造物主的证据。我们不会预料到一个万能的设计师会经常做出糟糕的设计。我们期望他能够预见未来可能出现的问题，并从一开始就采取措施来避免。相比之下，这类不完美的存在恰恰是可以从达尔文学说中预见到的，因为所有的变化（突变）都建立在生物体的现有状态之上，无法预测未来的需要或状况。

20. 为什么我们有时候会成为“文明病”的牺牲品？

人类之所以成为“文明病”的牺牲品，是因为这类疾病很少出现在狩猎采集者中（人类在进化历史中 99% 的时间采取狩猎采集的方式生活),却流行于后工业时代。这类疾病包括肥胖、糖尿病、心脏病、酒精依赖等。我们可以把“文明病”看作自然选择未竟之事造成的“设计事故”。事实上,“文明病”与这样一个事实之间有更多关联:后工业时代的现代人生活在一个全新的环境中,这个环境最多仅存在了几百年的时间。

肥胖和糖尿病是人们按喜好对糖类(主要的能量来源)进行选择的结果。由于富含糖类的食物在自然界中往往是供不应求的,因此,对于传统的狩猎采集者来说,获得这类食物之后大快朵颐有利于生存,然则在现代社会食物供应充足的条件下这么吃会导致肥胖和糖尿病。

酒精依赖提供了一个特别有趣的例子。事实上,酒精本身有较低的毒性,但我们和我们的非洲类人猿近亲(黑猩猩和大猩猩)在大约1000万年前就进化出了利用酒精的能力。酒精产生于从空气中飘落在腐烂水果上的天然酵母。酵母将成熟水果中的糖类转化为酒精(糖酵解的副产物)。在野外,过熟的水果通常含有1%～4%的天然酒精,如果这些酒精能转化为糖类,就是一种宝贵的能量来源。非洲类人猿体内控制两种关键酶的合成的基因发生了突变,使得非洲类人猿能够做到这一点。醇脱氢酶将乙醇转化为乙醛,乙醛再被醛脱氢酶转化为乙酸;然后乙酸可以进入柠檬酸循环,将糖类转化为能量。酒精是否对我们产生毒性,取决于这两种酶协同工作的速度。如果醇脱氢酶合成太慢,酒精就会在我们体内积聚,我们就会产生醉意;如果醛脱氢酶合成太慢,有剧毒的乙醛就会在我们体内积聚。没有猴或任何亚洲类人猿能够像人类和非洲类人猿那样处理酒精。

这种独特的基因突变现象源自约1000万年前,中新世气温急剧下降,导致广袤的热带森林面积缩小,只残余小片小片的森林。作为在过去1000万年里一直占主导地位的灵长类动物,类人猿突然被迫与猴展开更激烈的竞争。当时的类人猿(包括人类祖先)一般不能消化未成熟的水果,这些水果富含单宁和其他多酚类化合物,这类化合物是为了防止食草动物在种子发芽前吃掉种子而产生的(见问题52)。因为猴已经进化出化解未成熟水果毒性的能力(可能是更早期的一种适应,使它们可以食用树叶),所以它们可以先于类人猿吃到水果,从而在竞争中胜出。这导致了类人猿的灭绝潮,使其物种数量减少到了原来的10%。然而,森林地面上散落着从树上掉下来的熟透了的水果(或者是猴进食时不小心弄掉的)。类人猿中出现了能处理水果所含酒精的突变基因,这让它们获得了巨大的优势,因为这使得它们可以获得猴无法利用的重要食物来源(一方面猴很少到地面活动,另一方面即使猴来到地面并吃下熟透的水果，也无法处理其中的酒精）。亚洲类人猿（长臂猿和猩猩）没有获得这种突变基因，因为它们在中新世更早期就已经分化出来了，而食用水果的猴直到很久以后才在亚洲出现。

医学界倾向于将酒精依赖视为一种疾病。事实上，近期的大规模流行病学研究证实，过度饮酒会增加患心脏病、癌症、糖尿病和痴呆等疾病的风险。然而，饮酒是类人猿和人类日常饮食的一部分，也是我们进化历史上的一个自然特征，并且是人际交往的一个重要部分。在社交方面，饮酒似乎发挥了一种特别重要的适应功能：饮酒不仅触发了社交中使用的主要药理学机制，而且也构成了世界各地社交仪式的一部分。

几乎所有的营养物质（甚至生命必不可少的氧气和水等化学物质，或者铁等微量元素），其摄入量和益处之间的关系曲线总是呈倒 U 形：摄入越多，益处就越多，直到某一点之后，摄入越多，益处越少，甚至有害无利。就像我们消耗的任何东西一样，好东西太多，就会变成坏东西。正是人类的工业化（使食物更多、更容易消化、更便宜、更容易获得）能力造成了这些问题。再次强调，进化是无法预测未来的情况的。

3 进化与遗传

21. 为什么遗传学发现对我们理解进化如此重要?

尽管达尔文学说受到同时期科学界的广泛称赞,但它有一个容易受到批评的核心缺陷。即不管达尔文还是当时的其他人,都没有真正理解遗传机制,而这一机制正是将进化论建立在坚实的生物学基础上所需要的。纵然达尔文和同期的其他动植物育种家都非常清楚地知道性状是由亲代传递给子代的,但他们并不明白这种传递是如何发生的,也不明白为什么有些性状比其他性状的遗传更稳定。《物种起源》的一些早期评论正是从这一点上批评了达尔文。

达尔文从未解决这个问题,无论是他自己抑或是别人都不曾得到满意的答案。事实上,在寻找答案时,达尔文提出了泛生论。他认为生物体的每个部分都能产生微芽,并传递给子代,使子代能够再现亲代的特定性状。双亲的微芽在子代中以相等的比例混合,即融合遗传理论。达尔文似乎不明白,生物体这样做会适得其反。如果亲代的性状在受孕时以等比例混合,那么子代的性状将是其双亲的平均。如此一代代地重复下去,那么每个个体最终都将完全相同,而种群也就几乎不会存在可供自然选择的变异。最终,新物种将不再形成。

最后一击来自1892年，即达尔文去世后10年，当时伟大的德国生物学家奥古斯特·魏斯曼(August Weismann)发表了种质论。魏斯曼认为，生物体由种质和体质组成，体质和种质(受孕时双亲贡献给胚胎的元素)之间的关系是单向的：种质(或我们现在所理解的基因)可以影响体质，但体质不能影响种质。(我们现在将之分别称为表型和基因型。)这意味着拉马克的获得性状遗传理论(见问题3)是不成立的：获得性状遗传要求体质能够改变种质，使得多次改变可以影响性状的获得。尽管魏斯曼本人支持达尔文而反对拉马克，但当时有许多人，尤其是那些别有用心的人，将种质论解读成反对达尔文学说的证据。更有甚者，有人认为胚胎学和遗传学已经解释了进化，达尔文学说是不必要的。然而，他们似乎没有意识到自己混淆了廷贝亨的四个问题中的两个(功能和个体发育)。由于这些人对种质论的不当解读，达尔文学说受到了冷落。

讽刺的是，达尔文所需的答案已经产生了。甚至达尔文实际上可能已经知道了答案，只是没有意识到它的重要性。1856—1863年，孟德尔在西里西亚(今属捷克)的一家修道院的花园里度过了一段幸福时光。他花费大量时间繁育豌豆，试图了解它们的性状是如何遗传的。在繁育了大约28000株豌豆之后(作为一名修道士，他显然有足够的时间做这项试验)，他设法弄明白了遗传的基本原理(见问题22)。对科学来说不幸的是,孟德尔在1868年被任命为修道院院长,他的行政职责意味着他再也没有时间继续他的试验,乃至发表他的成果。然而,最令人扼腕的是,在孟德尔于1884年去世后,继任院长烧毁了孟德尔的所有文件。我们之所以能知道孟德尔的发现,是因为他在就任院长之前发表了两篇论文。

因此,当荷兰植物学家雨果·德弗里斯(Hugo de Vries)在1900年发表有关月见草遗传规律的论文时,他因忽视了孟德尔的工作而受到批评,这让他很惊讶。最终,德弗里斯承认是孟德尔先发现遗传定律的,也许正因如此,孟德尔享有发现遗传定律的荣誉,而德弗里斯的名字则几乎被遗忘。尽管如此,德弗里斯仍有属于他的科学贡献:他让我们认识了"基因"这个词,并提出了"突变"这一概念(基因可以自发地变成一种新形式),从而为后来的现代遗传学奠定了基础(见问题24)。

22. 什么是孟德尔遗传定律?

有时候,孟德尔的发现被视作修道院花园负责人的意外发现,没有什么比这更离谱的了。事实上,孟德尔深植于奥地利科学界,曾在奥洛莫乌茨大学(Olomouc University)和维也纳大学(University of Vienna)学习哲学和物理学。在奥洛莫乌茨大学,他受到了约翰·内斯特勒(Johann Nestler)的启发,内斯特勒的主要研究方向是动物的遗传变异。当孟德尔获准回到修道院继续他的科学研究时,他选择了研究豌豆的遗传变异,在修道院的花园里繁育豌豆。他不负责管理花园,只是被允许在花园里做试验。

渐渐地,经过一系列漫长而艰苦的试验,孟德尔发现两个亲本必然各为子代的每一个性状传递一个“因子”(我们现在称之为等位基因或基因),这样子代的每一个性状都受两个因子控制。他认识到这些因子是真的参与了繁殖:当两个亲本具有不同的性状(例如,绿色豌豆和黄色豌豆)时,子代的性状不会表现为这些性状的混合,而是更像亲本之一的性状。更重要的是,在观察一对性状不同的亲本所产生的所有后代后,他发现,这两种性状在后代中出现的比例惊人地稳定:25%的后代与其中一个亲本性状(黄色豌豆)相似,75%的后代与另一个亲本性状(绿色豌豆)相似。这一比例在数千次杂交试验和各代中保持稳定。

孟德尔推测,对于一个既定性状,如果每个亲本拥有两个因子,并且繁殖时只将其中一个因子传递给后代,那么后代中可能的组合将遵循一个简单的统计规则。如果这些因子在减数分裂过程中是随机分离的，那产生的配子或生殖细胞就只有每个亲本一半的基因。（我们现在知道，这是通过所有“因子”所在的染色体的分离来实现的，因此每个配子只有亲本一半的染色体。）当这些因子在受精过程中与另一个亲本的因子配对时，双亲的两组因子有4种可能的配对组合，并且由于每种组合的概率相同，每种组合的后代将各占所有后代的25%。如果两个亲本的组合都是Aa（其中A是结绿色豌豆的因子，a是结黄色豌豆的因子），那么每个亲本都有50%的概率将A因子传递给后代，同样有50%的概率将a因子传递给后代，它们的后代拥有AA、Aa、aA和aa这4种组合的概率各为25%。这

孟德尔通过繁育豌豆进行遗传学研究

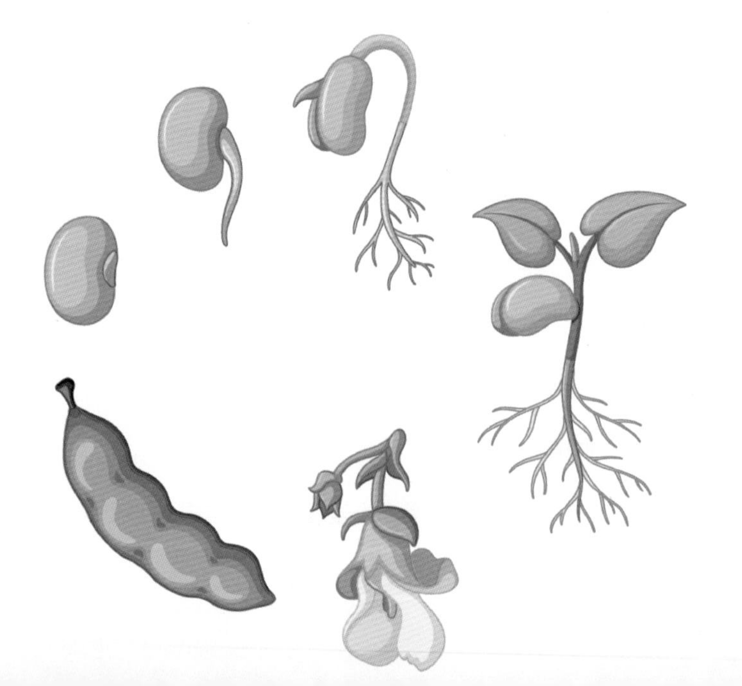

将产生 25% AA、50% Aa 和 aA、25% aa 的后代。如果亲本所贡献的两个因子中的一个被另一个抑制(孟德尔的隐性和显性概念),比如说,A 对 a 是显性的,那么任何 Aa 和 aA 基因型后代都呈现为 A 表型。在这种情况下,一个简单的统计规则便可预测显性因子控制的表型在后代中占 75%:AA、Aa 和 aA 基因型都将呈现为 A 表型,只有 aa 基因型将呈现为 a 表型。

20 世纪 80 年代,人们发现了一个与孟德尔遗传定律相关但更引人入胜的现象:基因组印记。与传统的孟德尔遗传定律中的隐性等位基因被抑制不同,基因组印记是指来自某一亲本的特定性状的等位基因不表达,因此该性状总是由来自另一亲本的等位基因决定。已知人类基因组中大约有 230 个印记基因。例如,你的边缘系统(大脑中与情感加工有关的结构)只由你父亲的基因决定,而你的新皮层(大脑的"思考"中心,与意识等高级功能有关)只由你母亲的基因决定。另一个例子是 IGF-Ⅱ(胰岛素样生长因子Ⅱ)基因,只有遗传自父亲的基因能表达。实际上,这些基因似乎"知道"它们来自何处。

对于大多数性状来说,如果一个等位基因存在缺陷,是可以从遗传自双亲的两个等位基因中得到补偿的,但这显然没有发生在印记基因上。在人类中,至少有两种众所周知的遗传病——普拉德-威利综合征和天使综合征似乎是基因组印记的结果，前者是由于父体效应（存在缺陷的等位基因遗传自父本），后者是由于母体效应。两者都会导致发育障碍，进而导致严重的社交障碍和精神残疾。基因 *DIRAS3* 似乎可以编码抑制肿瘤生长的蛋白质（特别是在卵巢和乳房中），它也是母本印记基因。如果有缺陷的等位基因是从母本遗传来的，那么个体患癌症的风险就会显著增加。这一机制演变的原因很有趣，我将在问题 78 中再讨论。

23. 什么是"现代综合进化论"？

在孟德尔遗传定律被重新发现后的 20 世纪 30—40 年代，一些遗传学家和进化理论家通过发展出一种结合了孟德尔遗传定律与达尔文学说的进化过程的数学理论，把达尔文学说从几近被遗忘的深渊中拯救了出来。朱利安·赫胥黎于 1942 年出版了《进化：现代综合》一书，为这个新的综合理论进行了命名。

实际上，这将孟德尔的微进化遗传理论（选择作用下种群遗传结构如何随着时间的推移而变化）与达尔文最初有关物种变化的宏进化理论（物种如何进化以适应不同的环境）结合起来了，后者也就是达尔文的遗传原则和适应原则（见问题4）。重要的是，微进化部分以一个复杂的数学演绎推理理论为基础（根据一套关于遗传模式与遗传率的公理和假设，对种群的未来组成进行预测），这不同于达尔文有关物种进化的绝对归纳理论（源自更传统的案例汇编归纳法）。

以魏斯曼的种质论（基因型影响表型，而不是相反）（见问题21）为核心假设，以孟德尔的半数学原理为引擎，现代综合进化论展示了动物种群如何随时间的推移而进化。全新物种的进化只需要足够大的环境变化（增大选择压力）和足够长的时间来发生适当的突变（产生更适应新环境的性状）。

自诞生起，现代综合进化论已经证明了它预测种群遗传结构如何在自然选择和性选择的影响下发生变化或在没有选择（所谓的中性选择）的情况下发生变化的强大能力（见问题29）。

在20世纪的后25年中，现代综合进化论也为进化论的发展奠定了基础，例如提出了广义适合度、亲缘选择（见问题26）、稳定选择（受生理约束，一个性状在数千代的时间里只发生有限的改变，因为性状的增加或减少不利于个体生存，会导致继承了突变性状的个体繁殖不太成功）等概念。它还催生了岛屿生物地理学（研究海岛、沙漠绿洲甚至孤山等地理区域的面积、隔离程度与这些区域的物种数之间的关系的学科）等新领域。

24. DNA 的发现如何改变我们对进化遗传机制的理解?

DNA(脱氧核糖核酸)是由瑞士生物学家弗里德里希·米舍(Friedrich Miescher)于 1869 年发现的,当时他发现人类白细胞的细胞核中含有类似蛋白质的分子链,他称之为核素(nucleins,也就是我们现在所说的核酸)。半个世纪后,俄罗斯生物化学家菲巴斯·利文(Phoebus Levene)发现,核酸链是由磷酸戊糖、碱基组成的。1944 年,纽约洛克菲勒大学的奥斯瓦尔德·埃弗里(Oswald Avery)及其团队证实基因(基本遗传单位)是一段 DNA 序列。最后一块"拼图"出现在 1953 年,当时剑桥大学生物学家詹姆斯·沃森和弗朗西斯·克里克借助莫里斯·威尔金斯和罗莎琳德·富兰克林在伦敦拍摄的 DNA 晶体照片提出,DNA 链形成一个双螺旋结构,这个双螺旋结构包括串联着的 4 种碱基(胸腺嘧啶、腺嘌呤、鸟嘌呤和胞嘧啶)以及连接 DNA 双链的氢键。4 种碱基总是以同样的方式配对,胸腺嘧啶与腺嘌呤配对,鸟嘌呤与胞嘧啶配对。这个结构的模型最初是在桌子上用纸板制作的,经微调后,半个多世纪以来一直保持不变。

双螺旋结构使 DNA 链(或染色体)得以自我复制。在细胞分裂过程中，螺旋双链展开，每一条链都会根据碱基互补配对原则重建其互补链。在大多数情况下，这一过程对于产生与亲代细胞相同染色体的子代细胞来说是非常可靠的。然而，有时也会发生错误——碱基对丢失，或者DNA片段断裂并插入其他地方，或者以错误的方式配对。通常，这种错误发生的概率只有亿分之一，因此非常罕见。在大多数情况下，这些错误会因破坏细胞的化学平衡而导致细胞死亡，因此这是可自我纠正的过程——不过DNA链有大量冗余，因此倘若一个DNA片段未正常配对，另一个片段仍可配对。然而，新组合偶尔也能运行得很好，突变体存活下来并产生新的性状。因此，对细胞如何复制的新理解也解释了突变。

人们很快发现碱基对沿着染色体形成了三联体（现在称为密码子），每个密码子编码一种氨基酸，而氨基酸又编码用于建造新细胞的特定蛋白质。一个简单的起始密码子或终止密码子就可以调控特定的细胞分裂过程被重复的时间，这也为器官大小的改变提供了一个非常简单的机制。其实，建造新细胞需从一个起始密码子开始，沿染色体读取三联体，直到出现一个终止密码子。

对于遗传机制来说，这是一个非常简单而优雅的解决方案，而且不需要特殊的条件或过程。三联体结构将可以编码对应的氨基酸的数量限制在64种,但多数情况下细胞实际使用的氨基酸只有20种左右。然而,从进化理论的观点来看,遗传密码子的破译还带来了另一个发现:它揭示了所有物种(除了一些非常原始的古核生物)都使用完全相同的遗传密码,这意味着它们有一个共同的进化起源,这正如达尔文所猜想的那样。

25. 什么是遗传适合度?

达尔文的自然选择理论包含三个原则和一个逻辑推论(见问题4)。适应原则提供了使这一切成为可能的支点:具有某一特定性状的个体能更成功地繁殖。从长远来看,进化之所以发生,是因为自然选择总是试图最大限度地提高生物将其特定基因拷贝传递给后代的能力。这仅是三大原则成立的结果(一个性状的遗传变异将对下一代产生不同的影响)。个体将其基因传递到其后代基因库中的相对能力就是适合度。严格来讲,适合度是一个性状或基因的属性,而不是个体的属性,但生物学家通常用适合度概略描述个体的属性。然而,关键是要弄清楚这到底意味着什么:未能理解其中所涉及的内容是造成许多误解的原因。

在现代综合进化论出现之前,生物学家通常将适合度解释为生存[“适者生存”一词是由英国哲学家赫伯特·斯宾塞(Herbert Spencer)而不是达尔文创造的]。然而,繁殖成功和长寿(也就是生存)不一定是同一回事。20世纪60年代,英国鸟类学家、种群生态学奠基人戴维·拉克(David Lack)指出了这一点。他在对鸣禽进行的一系列开创性野外调查中发现,仅仅产下大量的蛋并不一定能使成功翱翔的雏鸟数量最大化。如果食物短缺或喂养时间不够,过多产蛋将使双亲超负荷喂养雏鸟,结果导致许多甚至大多数雏鸟死于饥饿(实际上,马尔萨斯的观察结果在自然界同样适用,见问题4)。如果没有存活的后代,双亲就无法将基因传递下去,那么双亲的适合度就为零。表现最好的双亲的产卵数一般比种群中养育成功的雏鸟的平均数多一个:多产的一个卵可缓冲意外损失,如果在食物供应水平高于平均水平的年份,还可以提高繁殖力。这就是现在我们所说的拉克法则,它提醒我们,适合度有两个独立的组成部分(生存和繁殖),并且这两个部分可相互影响(见问题59)。

在20世纪60年代,W. D. 汉密尔顿(W. D. Hamilton)指出,如果两个个体因有共同祖先而共享一个特定的基因,那么这个基因可以通过任何一个个体传递给下一代。所以,在某些情况下,与自我繁殖相比,个体可能更善于帮助其亲属繁殖。

因此，适合度由两部分组成：一个个体产生子二代的数量和其亲缘个体产生的额外子二代的数量，这些额外子二代是个体向其亲缘个体提供帮助的直接结果（考虑到它们共享基因的概率——实质上，也就是它们从共同祖先那里继承下来的亲缘关系有多近）。

汉密尔顿指出，这可用一个非常简单的方程式来概括，现在被称为汉密尔顿法则：当一个个体帮助其亲缘个体获得的额外子代（因个体间亲缘关系的远近而变化）多于该个体因帮助其亲缘个体而失去的子代时，该个体对其亲属来说是利他的。汉密尔顿法则表达为如下公式：

$$rB > C$$

其中 r 是亲缘关系（共享一个基因的概率），B 是亲缘个体获得的额外子代数量，C 是该个体失去的子代数量。汉密尔顿将这一修改后的适合度称为广义适合度。

汉密尔顿的发现对我们有三点启示。第一，当我们计算一个性状的适合度时，我们不仅要确定该性状所具有的优势，还要确定个体为了获得这种优势而必须付出的成本。即使是简单的狭义适合度也是如此。第二，我们需要将净收益（收益减去成本）与通过寻找各种替代方案（机会成本）可能获得的收益进行比较。换言之,我们首先要考虑做某事的净收益是否大于零;然后,回到拉克法则,这个净收益是否大于任何替代方案所能产生的净收益?如果成本太高,一个性状就不会受到自然选择的青睐,即使该性状提供了可观的收益。最后,它还提醒我们,每个个体都被嵌入一个最终延伸到地球上所有生命的群落中,每个个体所做的每件事都会对该群落中其他个体的适合度产生影响。由于两个个体共享一个基因的概率随着亲缘关系变远而迅速下降,实际上适合度对于那些亲缘关系不如“胞亲”的个体影响非常有限,因此大多可以忽略不计。这是一个重要的启示:我们所做的每件事都会对他人产生影响,反过来别人所做的事也会影响我们(见问题 73)。

26. 基因真的是自私的吗?

“自私的基因”一词因理查德·道金斯(Richard Dawkins)在 1976 年出版的同名书而广为人知。这只是对自然选择过程的一个隐喻:在自然选择作用下,基因的表现显得它们好像是自私的,但并不是基因自身自私,基因对自身所做的事情并不比其他任何化学物质更有意识。基因自身并没有什么特别的作用(除了作为代表性状的代码)。自然选择是一个盲目的过程,导致一些基因在后代中有不同的表现,而另一些则没有。

但是，由于我们极度习惯根据个体的意识来思考人类世界，如果我们认为一些基因是为了最大限度地提高它们在后代基因库中的比例，那么我们在心理上就更容易理解像进化这样以目标为导向的过程。基因的表现看起来是有目的性的，但事实并非如此：基因的表现只是一种表达方式。

当然，这可能并不总是正确的，例子有很多。一个例子是多细胞生物（换句话说，大多数比病毒和细菌更先进的生命形式）可以从其基因的有效传递中受益。多细胞生物实际上是由许多不同的基因组成的复合物，这些基因协同作用以产生一个能有效繁殖的个体。任何基因如果只追求自身利益而不惜牺牲其他基因的利益，那么它不仅会自掘坟墓，也将使所有与其相关的基因走向灭绝。实际上，它必须与其他基因合作并“注意”它们的需求。

另一个典型的例子是病原体。如果它们的毒性强到能杀死它们的宿主，那么不仅宿主的所有基因会灭亡，病原体本身也会灭亡。通常情况下，毒性较小的变种（或者说突变体）才繁殖得最好，因为它们不会杀死宿主并能产生更多后代。换句话说，这种病原体的基因库会越来越接近毒性较小的病原体，而不是毒性较大的病原体。当病原体与其宿主达成某种“共识”或达到稳定的平衡状态时，病原体的毒性减小是普遍现象。我们 DNA 中插入的许多病毒基因可能就是通过这一过程产生的。我们感染的许多致病病毒,其毒性同样随着时间的推移而逐渐减小。

在许多社会性物种中存在一个更为严肃的问题,个体的生存和繁殖及个体基因的成功传递依赖于与群落中其他个体的协作。这种协作可能是一起狩猎,或联合抵御捕食者(见问题 81)。实际上,这是一种隐性的“社会契约”,我们都因同意遵守契约而生存得更好。不履行职责的个体会破坏“社会契约”,从而导致每个个体都生存得不如它们本应该的那样好,最终会走向灭绝。这类个体导致“社会契约”变得不稳定,但如果能让“社会契约”发挥好作用,每个个体通常都会生存得更好(见问题 73)。

尽管有这样的例子,但当我们思考自然选择如何起作用的时候,假设基因会以对自身最有利的方式发挥作用,在大多数情况下才符合实际。在其他条件相同的情况下,这一假设能非常清楚地预测一个基因或个体会如何表现。然后我们可以问,我们所看到的是否如我们所预测的那样?就像科学一样,理论无法预测我们的所见时才是最有用的,因为理论确定了我们未知的内容。这促使我们重新思考有关世界如何运转的假设,并自问因我们的无知而可能遗漏了什么。这是科学方法的核心。

27. 但动物怎么知道谁是它们的“亲属”呢?

汉密尔顿的广义适合度的关键显然是亲缘关系(个体之间的关系远近)。但是,要实现基于汉密尔顿法则的估测,动物必须知道它们与谁有亲缘关系,以及关系远近如何。我们人类可以告诉对方谁和谁有亲缘关系,但动物究竟是如何做到这一点的呢?事实上,这很容易。它们使用了许多非常简单的机制——其中一些机制人类也在使用。

识别亲属的一个机制是看是否在同一个窝里长大(或至少在成长过程中经常见到)。如果在同一个窝里长大,就很可能是亲属。这甚至对我们人类同样适用。诚然,我们也会与父母收养的或继父母带来的兄弟姐妹在一起生活,关系会较为复杂,但与真正有亲缘关系的兄弟姐妹相比,这些情况相对少见;因此,在一起长大的人很大可能具有亲缘关系。一项研究发现,最能预测人们是否愿意将血汗钱借与他人的线索,是他们在生命的头10年里相见是否频繁。这与他们实际的亲缘关系密切相关。

识别亲属的另一个机制是外表。近亲看起来更相像,因为近亲个体拥有更多相同的决定外貌的基因。当然,个体总是从同一物种中选择配偶，而不是试图与其他任何移动的物种进行交配。外表的相似性也是暗示亲缘关系远近的绝佳线索。在狒狒中，雄性“兄弟”通过组成族群达到垄断雌性个体的目的，同一群体（吃住在一起的社会群体）中的雄性成员通常可以通过它们的面部相似性来区分。

面部的相似性，有时甚至是其他身体特征的相似性，也是我们使用的线索。莉萨·德布吕纳（Lisa de Bruine）研究发现，人们在玩经济博弈游戏时，如果电脑屏幕上显示的玩家照片经过面部处理后看起来更像他们自己，他们会表现得更加慷慨大方。现实中，看望新生儿时人们会做的一件事就是评论婴儿长得最像谁，尤其是母亲一方的家庭，往往会强调孩子有多像父亲。很明显，母亲总是知道孩子是谁的，但父亲永远不能百分之百肯定。由于父亲需要相信孩子是他的，才会愿意为孩子付出（否则他会遇到基因利他主义的问题——投资别人的孩子），因此他的岳父母似乎需要努力说服他，让他相信孩子真的是他的。若你不信，下次你认识的人生孩子的时候可以仔细听听别人怎么说。人们几乎总是这样说。

第三个机制是嗅觉。很多物种依靠嗅觉来识别亲属。在某种程度上，这是因为生活在一起（尤其是生活在巢穴中）的动物有一种家族性的气味。但事实上，嗅觉是一个很好的遗传相关指标，因为与生俱来的嗅觉是由控制免疫系统的基因（主要组织相容性复合体基因）控制的。即使是蝌蚪也能通过气味辨别亲属。虽然灵长类动物的嗅觉比几乎所有其他哺乳动物都迟钝，但即使是人类也出奇地善于通过嗅觉来识别亲属。还有一点需要注意：有些家庭成员尤其喜欢抱起新生儿并靠近自己的脸，"偷偷地"闻一闻新生儿的气味（发生得很快，请注意），就好像在检查新生儿真正属于谁，尽管他们通常会借口说他们是喜欢新生儿的气味。顺便一提，这是灵长类动物的一个古老习惯：猴和猿也会如此。另一个例子是毛利人的问候方式，西方人通常将其误称为蹭鼻子。事实上，他们只是把鼻子挨在一起并深呼吸来交换气息——换句话说，就是交换气味。

当然，人类也会用语言来表达谁与谁有亲缘关系。人类学家经常抱怨，人类的亲属称谓制度与生物亲缘关系几乎没有相似之处，一方面是因为一些社会中母亲和母系亲属用同一个称谓，另一方面是因为陌生人和来访者总被赋予亲属身份，以便安置于社会家庭结构中。事实上，在现今存在的6000多种语言中，只有6种较完整的亲属称谓制度，广义上讲，这些亲属称谓制度对生物亲缘关系的预测都比完全随机的预测要准确得多。更重要的是，进化生物学家奥斯汀·休斯（Austin Hughes）在一项颇具启发性但不广为人知的分析中指出，所有这些差异本质上都关系到如何在父子关系确定性(一个男人确定他是他妻子所生孩子的父亲的程度)不同的社会中识别亲缘关系。

简而言之,动物(包括人类)有许多不同的亲属识别机制。当然,没有一个机制是完美的。但是进化并不要求每件事都是完美的,只要机体运作良好就行(前提是成本不太高)。当然,使用几个指标来量化进化结果,可以减小误差。这也可以很好地解释为什么我们要使用这么多指标。

28. 除 DNA 外,还有其他的生物学传递方式吗?

大多数与遗传有关的遗传物质包含在染色体中,染色体是细胞核的组成部分。一个正常的人类细胞有 23 对染色体(包括 1 对性染色体),一半来自父亲,一半来自母亲,总共有 46 条染色体。46 条染色体共包含大约 60 亿个碱基对(或 20 亿个密码子)。然而,事实证明人类基因组中只有大约 4 万个基因具有生物学功能(能够编码蛋白质),与果蝇或蛔虫中功能基因的数量大致相同。其余的 DNA 序列不能编码蛋白质,因此被称为“垃圾 DNA”。

事实上,“垃圾 DNA”由多种元件组成,其中一些元件在我们不甚了解的地方发挥着重要作用。有些“垃圾DNA”编码RNA(核糖核酸),后者为DNA及其编码的蛋白质提供结合位点,有些“垃圾DNA”是调控序列或重复序列。当然,也有一些“垃圾DNA”是假基因(基因组中与正常基因非常相似但不能表达的DNA序列,它们因突变而失去编码蛋白质的功能),人类基因组中大约有13000个这样的密码子。在人类中,大量的嗅觉受体基因是假基因(大约60%,而在老鼠中只有20%),这大概能解释为什么我们与其他大多数哺乳动物相比嗅觉相对较弱。调控基因尤其重要(它们决定功能基因何时被激活),约占人类基因组的8%。许多调控基因跨类群存在,并且经常被用来估计两个物种之间的亲缘关系(见问题30)。

大约50%的人类基因组由随机重复的密码子组成(称为串联重复,因为它们像回声一样沿着染色体堆积起来)。这些重复在个体间具有高度的变异性,也经常用于血缘关系鉴定或法医鉴定。我们基因组中约44%的组分是可移动基因(有时被称为跳跃基因),它们可以分离并重新插入基因组其他地方。许多逆转录病毒由跳跃基因组成,它们在入侵宿主的身体后,在我们漫长进化历史中的某个时候插入了我们的基因组中。这些可移动基因中的大多数现在在功能上是中性的,主要是因为那些具有破坏性行为的可移动基因杀死了它们的宿主,从而导致了自身的灭绝(见问题26和35)。

有一类重要的非遗传继承机制被称为“母体效应”或“细胞质效应”，因为它们通常包含在卵子细胞质的非遗传物质中。在有性生殖物种中(见问题56)，精子(或其类似物)只提供其细胞核DNA，而卵子不仅提供细胞核物质，还提供围绕细胞核的细胞质及线粒体(见问题36)。因此，母体有时可以通过其提供的游离信使RNA、蛋白质甚至激素来影响其后代的表型。母体效应甚至被认为是儿童肥胖症的一种致病机理：母体细胞代谢调控的缺陷已被证明会影响胎儿胰腺、脂肪细胞和肌肉细胞的发育，而所有这些影响都可能导致肥胖症。

其他重要的传递机制可能是纯粹的行为上的。父母的行为对后代的成长和生殖有明显的有利影响，这对于那些需要通过模仿(文化传承)从父母那儿继承社交技能的社会性物种来说尤其重要(见问题91)。非遗传继承机制的另一种形式可能是生态位构建，一个物种通过生态位构建来改变其生存的环境，从而促进其自身或其后代的生存。例如，海狸筑坝和白蚁筑巢。不过，生态位构建的最重要形式是在猴和猿等高度社会化的物种中形成的社群，当然还有我们人类：事实证明，这些非遗传继承机制对后代生存的影响几乎比其他任何东西都重要(见问题81)。人类财产的继承也是一种非遗传继承，因为在大多数社会中从父母那里继承的财产使后代处于优势地位，从而使后代在生殖方面获得先机。

29. 进化能在没有自然选择的情况下发生吗?

进化仅仅意味着改变,因而并不需要涉及自然选择所引起的定向变化。这类情况下所涉及的过程通常被称为遗传漂变,主要是因为种群的遗传组成原来被认为是随机漂变的,而不是被推向特定方向。遗传漂变取决于两个关键因素:背景突变率和自然选择缺失。据此,日本遗传学家木村资生(Motoo Kimura)于20世纪60年代末提出了分子进化中性学说。该学说认为,分子水平上的大多数突变对适合度没有影响(其影响是中性的),只是在物种的基因库中进行长期的积累和偶然的清除。

突变是基因复制过程的自然结果,它是指在细胞分裂过程中,一个基因产生新拷贝时出现复制错误(见问题21和24)。错误可能有多个来源。DNA片段可能脱离基因组,然后以错误的方式或在错误的点位重新插入染色体。DNA螺旋链组装其互补链时也可能发生碱基配对错误。考虑到基因在生物构建过程中的"读取"方式(在染色体上以三个碱基的顺序排列),碱基对的顺序或一致性的任何微小改变都将产生全新的密码子,从而编码不同的蛋白质(见问题24)。

这似乎是进化的无心之举，但事实上它是生物设计的一部分。理论上，自然选择完全有可能创造出100%准确的复制过程。然而，那将意味着在自然选择作用下个体间不会有差异。若是如此，则不会有进化。所以，矛盾的是，自然选择使得这个系统不够完美。当然，过多的复制错误也将是不利的，因此我们可能期望系统最终会有一个折中方案——在太高和太低的复制准确率之间取得平衡(平衡选择的另一个例子)。然而，有一种突变原甚至超出了自然选择的范畴，这就是来自太阳的宇宙射线的影响。宇宙射线与人体基因突变可能有关联(这就是过多的日光浴对人体有害的一个原因:DNA损伤会导致皮肤癌)。

过多的日光浴对人体有害

在其他条件相同的情况下，除非新突变在选择中处于不利地位，否则它将在种群中逐渐累积，并随时间的推移增加种群变异的概率。因为亲缘关系密切的个体通常生活在彼此的附近，所以同一物种不同种群的遗传组成会略有不同。当种群规模较小时，后代可能继承了一种突变而不是另一种，或者特定种群得以存活下来而其他种群灭绝了，导致一些突变被传递给下一代的概率相差很大。结果就是，两个相邻种群的遗传组成会逐渐分化。这为我们提供了衡量两个物种的基因相似程度的天然指标，进而构成了分子钟的基础。

30. 何谓分子钟？

分子钟最早是在20世纪60年代被提出的，可以说是分子遗传学研究的最有用的成果。这是分子进化中性学说的直接结果（见问题29）。通过在碱基水平上比较两个个体的DNA，我们可以确定任意两个物种（甚至个体）间点（碱基对）突变的数量差异。

分子钟的关键是每个世代碱基的置换概率，并且应只统计非编码DNA序列（所谓的沉默突变，对生物体的外观或表型没有影响），因为它们只是相对恒定的自然突变率的产物。通过统计两个个体间差异碱基的数量，我们即可直接估算二者亲缘关系的远近，并由此算出产生这些差异所需的世代数。如果时间间隔足够长的话，就需要考虑回复突变的可能，这将使计算过程变得相当复杂。

其他一些可能影响分子钟绝对计时的因素包括世代时间的变化（繁殖率低的物种的中性突变积累较慢，因此世代时间更长）和种群中只有少部分个体存活到下一个世代出现的种群瓶颈（这样可以加快速度）。种群瓶颈可能是小种群从主物种中分离出来侵入新栖息地后出现的（奠基者效应，见问题43），或者是由主要种群崩溃造成的。任一情形下，物种基因库中都只有一小部分变异被传递下去，从而常导致物种急剧地向极端表型倾斜。一般来说，这些因素产生的分子钟的误差是相当小的，它对分化时间的估算仍比我们现有的其他任何方法（也许除了应用于岩石等材料的放射性定年法，其依赖于原子反应过程中非常精确的衰变率）都要准确几个数量级。在任何时候，我们都可以通过设定分子钟的时间估值误差来把控各情形下分子钟的精确度。

也许分子钟最引人入胜的应用案例，是计算我们人类这个物种，即解剖学上的现代人（或智人）的起源时间。这需要确定来自尽可能多的种群的大样本现生个体中 DNA 的差异碱基数，然后应用分子钟估算他们在多久之前拥有同一个祖先（分歧时间）。分别使用线粒体 DNA（mtDNA，仅由母系遗传，见问题 36）和 Y 染色体 DNA（仅由父系遗传，见问题 57）进行计算发现，线粒体 DNA 的突变率（或一个碱基对被另一个碱基对取代的概率）约为每百万年 0.02 个碱基，比核 DNA 的突变率高 10～20 倍，因此基于线粒体 DNA 的分子钟更精确。根据各种线粒体 DNA 分子钟的估算，人类起源于 10 万～16 万年前，而 Y 染色体分子钟的估值为 12 万～15.6 万年前。换句话说，人类只有 15 万年左右的历史。鉴于与我们共祖的其他类人猿物种有大约 50 万年的平均进化时间（例如，尼安德特人存活了大约 40 万年，见问题 62），相比而言，我们只是进化中的“青少年”。

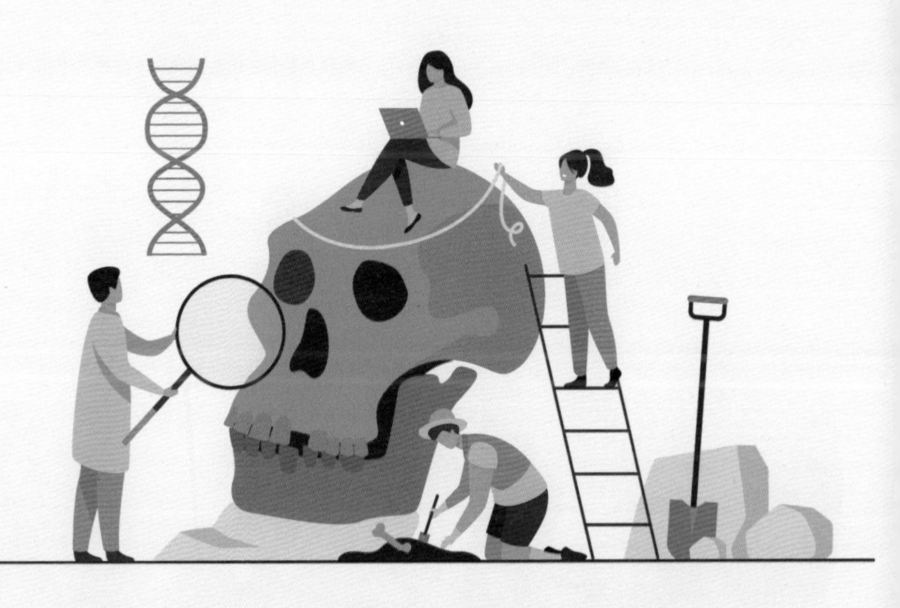

31. 地球上的生命究竟是怎样起源的?

地球上生命的起源必然早于最早的化石,但最初的生命形式可能更简单。我们可能不知道这些生命是以什么形式存在的,或者存在于何时,因为它们太小、太脆弱,无法留下任何记录。生命最早的证据可以追溯到大约35亿年前,在地球与其孪生小行星忒伊亚(Theia)相撞(由此喷发而出的物质形成了月球)的10亿年后。这些最初的生命是蓝细菌(一种可进行光合作用的单细胞微生物),它们以叠层石(层层叠叠聚集在一起

地球上生命的起源必然早于最早的化石

形成的层状岩石堆）的形式留下化石，比如在澳大利亚西海岸发现的那些生物化石。

但是，我们可以对地球上的生命是如何形成的做出一些有根据的猜想。首先，生命的起源只有两种可能：生命要么是在地球上进化而来的（可能是宇宙中一件独特的事），要么是从别的地方而来，例如来自彗星或流星或以非常简单的有机分子形式（例如宇宙尘埃）存在。如果是后者，就很有趣了，但这就将问题引向了其他的方向：生命在宇宙中如何进化？一种假设是，在形成行星之前，那些环绕早期太阳的尘埃云盘中可能已经具备了简单有机分子的形成条件。如果是这样，那么其他许多行星上可能也已有生命在进化，而地球上的生命可能不是独一无二的。

现今地球上大多数生命形式共享355个基因和细胞色素c（见问题7），这一事实表明它们有一个共同的起源，由这些组分形成的化学链就是最早的有机生命形式。当然，这很可能不是第一个进化而来的有机生命形式：可能在此之前有几次进化因错误的开始而消亡了，而当前地球上的生物世界是其中唯一成功的进化产物，现在所有的生物都是从它进化而来的。

地球上的所有生命都依赖于4种关键化学物质：脂类、糖类、氨基酸（蛋白质的基本结构单位）和核酸（可自我复制的分子)。任何关于生命起源的阐述都需要解释我们是如何获得这4种化学物质的。很明显,形成生命所需的条件非常明确:水环境,环境温度足以使水保持液态,以及广泛存在的DNA基础化学元素(氮、碳、氨)。更重要的是,这些化学物质分子必须能够在没有氧气的情况下形成,因为地球大气是在诞生很久以后(大约25亿年前)才充满氧气的(见问题32)。

原始汤假说(primordial soup hypothesis)认为在早期动荡的地球大气中,闪电为这些化学元素融合成简单有机分子提供了能量,这些分子后来聚集在一起形成RNA(核糖核酸,它通常以单链核酸的形式出现,以信使RNA的形式连接遗传密码DNA和构成细胞的蛋白质),然后形成DNA链。1952年,著名的米勒-尤里实验(Miller-Urey Experiment)试图在实验室里验证这一有机分子形成过程,该实验用电火花模拟闪电,用水、甲烷、氨、氢的混合气体复制地球早期的大气层,结果产生了可以形成DNA的氨基酸。

然而,另一个假设是,这些早期的有机分子形成于深海热液喷口非常热的水环境中,那里有从地壳冒出的热气泡,形成了一个100 ℃~150 ℃(高于水的沸点)的水-气环境。即使在今天,这些深海环境中仍然充满了嗜热细菌,它们似乎能够在富含甲烷、氨、二氧化碳和硫化氢的高温环境中生存,其中多数细菌对大部分生物来说都是有害的。

最近，天体物理学家发现月球正以每年4厘米的速度远离地球。简单一算便知，月球现在离地球的距离是其最初形成时的17倍。最初如此接近地球的月球会对海洋产生巨大影响：地球每天会经历两次潮差大约3000米的潮汐，而现今潮汐的平均潮差接近10米。潮汐会冲刷出大片的陆面，使得海底沉积富含矿物质的土壤，为深海热液喷口生物分子的进化提供所需的化学物质(尤其是铁)。换言之，地球上生命的形成可能是特定大小的月球出现在与地球的特定距离时发生的一次偶然事件，因此可能是独一无二的。

32. 我们所知的地球生命是如何在这些非常原始的条件下进化而来的?

大约35亿年前出现的最早的生命形式，实际上是漂浮在富含养分的“热汤”里的裸露RNA链。一旦这些RNA链和由其产生的双螺旋DNA链能够有效地自我复制，它们就会迅速变得多样化。不过，这仍是在一个几乎无氧的环境中进行的。现今，地球大气层中氧气体积占比约为20%，是几乎所有多细胞生命赖以生存的关键燃料。但情况并非总是如此。地球地质演化历史似乎涉及一系列重大的阶段性转变，使地球环境状况在相对较短的时间内发生了剧烈变化。

第一次大氧化事件发生在大约25亿年前（大约在生命首次出现后约10亿年）。海洋中的蓝细菌似乎进化出了利用阳光进行光合作用产能的能力：当它将二氧化碳和水转化为葡萄糖（可作为一种能源）时产生了氧气，而游离氧则是这一转化过程的一种副产物。这种能力成了蓝细菌的一个巨大优势，使它们能够在海面聚集成密集的菌层，就像我们今天有时看到的藻华一样。我们可以肯定的是，它们的数量一定很大，因为要产生足够的游离氧来改变地球大气层，就需要释放大量的游离氧：少量的游离氧很快会被水中的铁分子吸收（生成铁矿石，因此地壳中铁矿石很丰富），而不能形成含氧大气层。

无论是海洋表层还是大气层，含氧的环境对厌氧细菌来说都是有剧毒的。更重要的是，游离氧会中和大气中的甲烷（一种温室气体）形成臭氧层，从而减少到达地球的阳光，最终导致强烈而且无处不在的冰川作用，以至于地球变成一个巨大的雪球（雪地球），从而引发了生命大灭绝。在由此产生的强大选择压力下，一些细菌谱系进化出了利用氧气作为化学还原剂的能力，从而平衡了大气成分并形成了全新的生命进化路径。然而，解释这是如何发生的仍然是一个重大挑战。尽管如此，富氧的大气层还是引发了新生命形式的大规模辐射(见问题11)。

地球生命史上的第二个重要转变是大约4.7亿年前植物入侵陆地表面。这就需要生命进化出耐腐蚀的细胞壁,以防止娇弱的生命物质在干燥的陆地表面脱水。借助超强的电子显微镜,我们可以看到保存在岩石中的植物孢子,尽管它们的直径只有30微米。植物在陆地表面进化和拓殖的速度快得惊人:4.7亿年前的陆地植物的化石证据很少或没有,但在那之后的陆地植物的化石无处不在。生物学家仍然不确定为什么这会发生得如此之快。

到3.7亿年前,陆地表面已经出现了茎叶木质植物,这可能是植物之间为获取阳光而相互竞争的直接结果。植物进化出茎以试图超越它们的竞争对手,这样它们的叶子便能在阳光的充分照射下进行光合作用,就像如今热带森林中的树木一样(这就是它们如此高大,而它们下面的地表植被却如此稀疏的原因)。这样,植物组成了森林,并在最终死亡后形成煤层(相比之下,草是后来者:直到4000万年前,随着大气中的二氧化碳浓度升高,气候开始变得更干燥时,草才出现)。植物通过它们的根系以及制造的泥质土壤,帮助固定了在陆地上占主导地位的容易被风吹走的沙质土壤,从而为其他植物提供了丰富的陆地环境。这些新的陆地环境为以这些植物为食的全新的动物群（尤其是爬行动物和两栖动物）的辐射和进化创造了机会。

33. 为何细菌和病毒的进化速度如此之快？

地球上的生命形式可分为两大类：原核生物和真核生物。真核生物的细胞表面有一层膜，细胞核中有遗传物质，而原核生物的细胞无膜包围，有时甚至只有裸露的 RNA 链或 DNA 链。细菌占据了原核生物的大部分，并且作为地球上最初的生命形式，如今仍是现生生物的主要组成部分。1 克土壤约含 4000 万个细菌，1 升水约含 1 亿个细菌（这就解释了为什么证明生命自发形成的著名的拉马克实验看起来如此令人信服，见问题 2）。细菌执行着各种必要和重要的功能，没有这些功能，地球上的生命就不能生存。这些功能包括将氮固定在土壤中供植物使用，分解尸体以使其化学成分返回土壤等。

病毒似乎进化得较晚，可能来源于自由移动的质粒（可在生物体细胞间移动的 DNA 分子）或直接来源于细菌。病毒本质上是包裹在蛋白质外壳内的微小 RNA 或 DNA 片段，通常只能在其他生物（植物或动物）的细胞内才能繁殖。1898 年，荷兰生物学家马蒂纳斯·贝哲林克(Martinus Beijerinck)发现烟草花叶病的病原体是一种病毒(烟草花叶病毒会导致叶子上出现斑点,严重危害农作物)。病毒能在生物间自由移动(甚至在不同物种间移动,例如,蚜虫在取食一种植物的汁液时感染病毒,然后将病毒转移到另一种植物上),并能将自身插入生物细胞中(甚至插入生物的核DNA中,见问题35),也就是说,病毒造成了物种间遗传物质的大量水平转移。正是病毒的这种将自身DNA插入另一生物体DNA的能力,使农作物基因工程和精准医疗成为可能。

虽然细菌和病毒可以发挥有益的作用(或者最坏的情况下是中性的),但它们也是诸多疾病的主要传播者。细菌和病毒相比传统的动植物有一大优势,那就是细菌和病毒可以通过简单的细胞分裂(有丝分裂)快速繁殖。大多数动植物有一个自然世代时间,因为有性生殖(见问题56)意味着双亲为了繁殖必须以某种方式相遇并交配。而细菌和病毒只要条件合适就可以分裂和繁殖,其结果是,它们的数量会快速暴发,这基本上就是我们生病时所发生的情况:细菌或病毒的繁殖速度比人体免疫系统摧毁它们的速度要快得多。

细菌和病毒的繁殖速度如此之快,可以在很短的时间内产生数十万种突变:不起作用的突变会消亡,起作用的突变则会通过人体免疫系统和医学检查的筛查。所以,细菌和病毒能够比医疗手段领先一步。这就是为什么虽然我们已经成功地研制出了应对往年流感的疫苗,但每年冬季还是会出现全新的流感病毒变种。这也是为什么抗甲氧西林金黄色葡萄球菌会进化成抗生素治疗无效的菌株,尽管抗生素曾对这种细菌感染有很好的疗效。这是最简单的进化过程:当一种生物由于环境变化(在上例中指使用能杀死大量细菌的抗生素)而处于强大的选择压力下时,就会产生新的遗传变异(见问题 40)。

34. 为什么多细胞生物会进化?

多细胞生物(由许多细胞聚集在一起组成的生物体,像动植物那样)只有在找到以单个生殖细胞进行繁殖的方法之后才能进化。这个问题来源于这样一个事实:多细胞生物大多是由各种各样的细胞组成的,每一种细胞行使不同的功能,结果就是多细胞生物往往具有彼此各异的解剖结构。

事实上,在真核生物中,从单细胞生物到多细胞生物的进化事件已经发生了 46 次,一些原核生物(例如蓝细菌)也是如此。虽然多细胞生物涉及许多不同的特殊细胞类型,但仅仅进化出了褐藻、红藻、绿藻、真菌、陆生植物和动物等六大类真核生物。动物的情况最极端，它们有100～150种不同的细胞类型，而植物和真菌只有10～20种。许多植物、大多数脊椎动物和一些节肢动物在不具有生殖功能的体细胞和具有生殖功能的生殖细胞（产生配子）之间进一步分化。体细胞只度过生命周期就凋亡，不参与繁殖后代，只有生殖细胞有能力复制和（在受精后）繁殖新的生命。实际上，体细胞牺牲了自己，使生殖细胞得以繁殖（当然，它们几乎是100%相关的，汉密尔顿法则说的正是这一点，见问题25）。多细胞生物也依赖于干细胞的进化：干细胞是胚胎和成体中未分化的细胞，可以将自己转化成任何类型的细胞（通常取决于它们在生物体内的物理位置）来替代即将凋亡的细胞，从而延长生物体的寿命，以便为繁殖提供时间（当然，干细胞在胚胎发育过程中也是至关重要的，因为干细胞在发育过程中会产生不同类型的细胞，更不用说干细胞在事故或疾病导致身体局部受损后发挥的再生作用了）。

多细胞生物的进化是因其有一系列优势，包括有效地分享营养，更有效地抵抗细胞捕食者（大多数捕食者只是吞噬它们的猎物），附着在基质上以固定在一个地方的能力（特别是在可能被水流卷走的水环境中），以及向上伸展以滤食或获取阳光进行光合作用的能力。使这些优势成为可能的正是不同细胞谱系的分化，它们分别成为骨骼、肌肉血液、神经组织等。通过合作，它们都能在“整体大于各部分之和”的基础上受益，因为它们能获得的利益（无论类型还是规模）是任意单个细胞自身无法企及的。

然而，多细胞生物的进化也是有代价的。对各类细胞生长和增殖的调节是一个精确的平衡过程，而这个过程很容易遭到破坏。这种情况下产生的结果就是癌症——某些细胞在本应停止增殖的时候继续疯狂地分裂。癌症似乎是动物所特有的，并不发生在植物中，目前还不知道为何如此。但是，脊椎动物比植物拥有更多的细胞类型（使得细胞生长和增殖的调节成了一项更复杂的任务），这一事实可能是答案的一部分。

35. 何谓共生？

在进化历史中，不同的物种偶尔会聚集在一起，形成一种亲密的伙伴关系，称为共生关系。最著名的例子是地衣，它不是一种单一的植物，而是真菌和藻类（在某些情况下是蓝细菌）的共生体。同所有真菌一样，地衣需要碳作为食物来源，这是由藻类或蓝细菌通过光合作用提供的。

甚至有些脊椎动物也是共生生物：充当“清洁工”的濑鱼和

鰕虎鱼，甚至一些虾类，为大型海洋鱼类（例如石斑鱼、海鬣蜥）甚至珊瑚提供寄生虫清除服务。宿主为“清洁工”提供死皮和体外寄生虫（皮肤表面的寄生虫）作为食物，“清洁工”为宿主提供卫生服务，帮助宿主保持良好的皮肤状态。

在某些情况下，只有一个物种受益于共生关系，而另一个物种所受的影响是中性的或微弱的。这些情况有时被称为共栖，以区别于共生。众所周知的例子包括植物的虫瘿：虫瘿是一种瘤状物，其内部生活着一些特定种类的蚂蚁、黄蜂，甚至病毒。入侵物种产卵时通常会向植物组织注入一种化学物质来刺激虫瘿的形成。大多数虫瘿对植物无害。然而，在某些情况下，共生生物可以通过攻击食草动物来阻止它们吃掉植物的叶和茎，以此为植物提供有益的服务。还有其他例子，包括雷莫拉鱼（附着在鲨鱼或其他大型鱼类的皮肤上，利用宿主作为运输工具，经常以宿主的食物残渣为食）、许多附生植物（如槲寄生和许多生长在树上的兰花，直接从树上获取营养物质）、切叶蚁（在巢穴中种植真菌作为食物来源）等，当然还有依赖人类而活的宠物狗和猫（尽管我们确实参与了它们这种生活方式的进化，但也可以说通过为它们提供食物和庇护所、遛猫遛狗等获得回报）。

如前所述（见问题 24），大多数物种的基因组有相对较少的功能基因。在人类基因组的20亿个密码子中,只有大约4万个基因是功能基因(能够编码蛋白质);其余的大部分由病毒组成,这些病毒在过去30亿年的不同阶段将自己插入人类的DNA中。因为这些病毒对人类没有任何直接的影响,所以能够“搭便车”穿越历史,依靠人类来进行自我复制。

共生细菌为反刍哺乳动物(牛、羊、鹿、羚羊等)提供了一种基本服务。这些物种都进化成了专门的食草动物,以植物茎叶为食。植物茎叶有着异常坚硬的细胞壁,因而能够在干燥的夏季,特别是在阳光直射的开阔生境中生存。构成草叶细胞壁的木质素与赋予树干力量的木质素相似,对动物来说是不可消化的。所有以植物茎叶为食的动物,从白蚁到奶牛,都依赖肠道中的细菌来消化植物茎叶的细胞壁。然后宿主可以通过消化细菌或它们的代谢产物来获取营养。细菌获得了一个有利的繁殖环境,且食草动物可以在原本不可能占据的栖息地生存。如此看来,还有什么比这更好的呢?

36. 我们有哪些重要的共生体?

线粒体也许是我们最重要的共生体。线粒体生活在细胞质中,细胞质是细胞内的凝胶状物质。也有一些例外,如红细胞中就没有线粒体。尽管线粒体参与了许多细胞过程，但线粒体最重要的功能是为细胞提供能量，它们通过呼吸作用以化合物（三磷酸腺苷）的形式提供能量，而细胞自身无此功能。线粒体参与的这一过程被称为柠檬酸循环［或以它的发现者——诺贝尔生理学或医学奖获得者汉斯·克雷布斯（Hans Krebs）的姓氏命名为克雷布斯循环］。

虽然还有其他观点，但普遍的观点是，线粒体是一种原核细菌，在非常早的时期就侵入真核细胞，并通过为宿主细胞提供能量而存活下来。

奶牛依赖肠道中的细菌来消化植物茎叶的细胞壁

基于基因组的相似性，线粒体似乎与立克次氏体有关，立克次氏体为了生存和繁殖必须侵入生物体（通常通过中间宿主，如蜱、跳蚤、虱子）的细胞。

第二类重要的共生体是生活在肠道中的细菌和其他微生物。据估计，人类肠道平均含有约30万亿个细菌，这些细菌来自几十个不同的物种，与人体本身的细胞数量（约39万亿个细胞）相当。肠道微生物包括古核生物、细菌、真菌、原生动物和病毒，不过大约75%是同一类细菌。肠道微生物的DNA总和是我们自身DNA的100倍。事实上，我们的肠道是微生物的“战场”，这些微生物为进入真正的细菌“天堂”而相互竞争。

肠道中的大多数细菌对我们来说是必需的。没有它们，我们就无法获得维持生命所需的营养。就像帮助反刍动物消化树叶的肠道微生物一样（见问题35），它们有助于将营养物质加工成人体可以通过肠壁吸收的形式。对于像人类这样拥有非常耗能的超级大脑的物种来说，肠道微生物的这项功能至关重要。它们还有助于锻炼免疫系统，使得免疫系统能够区分益生菌与日常入侵人体的致病菌和病毒。如果没有肠道微生物，我们可能会有认知缺陷，情绪不稳定，并任由多种疾病不断袭击。

我们最初的肠道微生物是在出生过程中与母亲的阴道接

触而获得的。当然,在我们的一生中,当我们与他人一同用餐或有密切的身体接触时,我们也会“获赠”微生物。据估计,每接吻10秒钟就会交换8000万个细菌。尽管如此,在出生时就建立起来的肠道微生物群对我们的早期发育有着深远的影响。通过剖宫产出生的婴儿肠道微生物缺乏,这可能导致其认知发育明显迟缓甚至异常。

结核杆菌也许是与我们共生的最有趣的微生物,它通常被视为严重的致病菌,人们对其感到惶恐不安。事实上,结核杆菌可能比我们想象的要友好。结核杆菌的代谢产物是烟酸的一个重要来源。烟酸可以影响脂肪、糖类和蛋白质的代谢过程,对大脑的发育和维护至关重要。如果缺乏烟酸,我们将患上糙皮病,导致大脑迅速退化。即使只是轻微缺乏烟酸,也会出现恶心、皮肤干燥、疲倦和头痛等症状。

烟酸在植物中并非广泛存在(但它广泛存在于我们的食用香料中)。为了摄取足够的烟酸来为我们的超级大脑提供营养,我们一直依赖于吃肉,因为肉类中烟酸含量异乎寻常地高。然而,在自然界中肉类很难获得,而且供应也不稳定。幸运的是,结核杆菌代谢可以产生大量的烟酸。烟酸对结核杆菌是有毒的(烟酸过量给药是早期成功治疗结核病的方法之一),因此结核杆菌会将其释放到我们的肠道和其他组织中。然后,我们便可利用这一点，将烟酸转化为营养物质。当然，就像其他生物学现象一样，凡事无绝对，一旦出错，结果便是结核杆菌肆虐，有时甚至引发致命的结核病症状。

37. 生物体是细胞、个体还是复合体？

这个问题实际上是整个生物学中最大的哲学难题。达尔文的自然选择理论把个体作为选择的基本单位。个体对我们来说是有意义的，因为我们能够体会到自己是一个个体，我们能够看到许多个体在我们生活的环境中走动或成长。但事实证明，并不是所有的生物都可以如此简单地归入“基因组成个体”这个模式。在某些情况下，事情可能要复杂得多。

黏菌可以从单细胞状态(当食物充足时)转变为具有特殊细胞的多细胞状态(当食物短缺时)。这种状态转变通常由一些细胞发出的化学信号启动。这时，单个细胞融合成一个带有许多核基因的原质团，这些核基因穿过原生质以寻求更好的生存条件。多细胞状态的黏菌大小差异很大，有些黏菌的长度可达 1 米。

当食物严重短缺时，多细胞状态的黏菌会形成特殊的茎，产生并释放大量孢子。孢子被风吹走或是落在路过动物的皮毛上被带走，或许能找到更好的生存场所。之后，茎会死亡，它们的细胞也就不能自我繁殖了。在这种情况下，黏菌的行为与拥有特殊非生殖细胞的真正的多细胞生物相似。同时，当孢子遇到合适的条件时，它们会“萌芽”成新的单细胞状态的黏菌，并再次重复上述循环。如果一个黏菌团在物理上被分离，那么分离的两个部分是可以重新组合在一起的。这是一个个体还是一个共生的社群呢？我们还不清楚，日常经验并没有给我们任何现成的标准来界定。

植物界给我们提供了许多同样令人困惑的例子。许多植物通过伸长根部来繁殖新植株，或从地面上看起来像是长出了新植株。但事实上，在地下看它是一株巨大的植物。许多常见的园林植物（例如草莓和许多草本植物）都是以这样的方式繁殖的，甚至有些树也是如此。塔斯马尼亚岛上的休恩松从基因上看是雄性的，通过生发地下根长出新的茎。金氏山龙眼是塔斯马尼亚岛上的一种灌木，在野外只是一个个体的克隆。岛上的这丛灌木有 600 根独立的茎，蔓延达 1200 米。不寻常的是，金氏山龙眼有三组染色体而不是正常的两组，因此是不育的。它进行营养繁殖：树枝被折断后，能生长出根来，使自己成为一个新的植株。但是，新老植株具有一样的基因。在美国犹他州的沃萨奇山脉生长着 47000 棵颤杨，它们其实是一个占地0.43

平方千米的单一克隆体，据估计已有8万年历史。

细菌和其他原核生物带来了另一个挑战。当我们在任意时刻看到它们时，它们看起来都像个体。但当它们通过无性生殖分裂成两个独立的细胞（个体）时，沿用个体的概念再次显得勉强：一个祖先细胞的所有后代或多或少与它相同（除非偶尔发生突变），因此你可能认为后代只是暂时性的克隆——有点像处于单细胞状态的黏菌。许多无性生殖的无脊椎动物也是如此。休恩松和颤杨则是另一种极端：它们只是喜欢让所有的后代聚集在一起。

草莓通过伸长根部来繁殖

这些例子挑战了我们认知中的个体概念，但它们并没有让生物学家感到特别惊讶。尽管达尔文是从我们通常所理解的个体的角度来思考的，但实际上是遗传谱系奠定了他的理论根基，这一点后来被汉密尔顿（见问题 25）和现代综合进化论所揭示。我隶属于一个包括了我所有的祖先和家族成员的遗传谱系，这个谱系将通过我们的集体后代延续下去。作为哺乳动物，我们人类选择将自己的基因与其他个体的基因混合（不过，像所有动物一样，我们通常更喜欢与我们尽可能相似的个体的基因混合）。但实际上，这只是遗传谱系在进化出越来越复杂的应对环境挑战的策略时出现特化的一个例外。

38. 那么，我是个体还是复合体？

这真是一个很好的问题。事实上，我们大多数人是由不同种类的细胞组成的奇怪嵌合体，这引发了关于我们究竟是谁的深刻哲学问题。我们是独立的个体（正如我们的意识似乎告诉我们的那样），抑或更像珊瑚群那样是通过某种生物“黏合剂”结合在一起的多个细胞个体的整体宿主？

事实上，我们身体的大部分会随着细胞凋亡或自我毁灭而持续不断地更新，直到我们被精细管理的生命的尽头。我们皮肤表层(表皮)的细胞不断地剥落,被从下面生长出的新细胞所取代,因此表层皮肤平均每27天就会更新一次。(顺便一提,皮肤内层真皮的情况并非如此,这就是为什么将染料注入真皮层形成的文身维持的时间比你通常期望的长)。事实上,当你读完这句话时,你体内已有5000万个细胞凋亡并被替代了。除了少数例外,人体内的大部分细胞每7～15年就会更新一次。简而言之,你的身体实际上已不是10年前的你,即便你觉得你是。

事实上,你是一个复杂的细胞嵌合体:有些专一化的细胞,它们唯一的命运就是和你一起死去,而有些细胞则有可能长生不老(如果你有后代的话),大约一半细胞(肠道微生物细胞,见问题36)甚至与你无关。这引发了一个有趣的进化难题,也是所有多细胞生物的核心问题:为什么所有细胞都会相互合作,而不是“各自为政”?如果基因真的是自私的,那么为什么这些细胞不极尽疯狂地自我复制呢?

答案显而易见:这是一个典型的进化合作案例。有些情况下,合作发生在关系非常密切的细胞之间,有些情况下则发生在完全不同的物种之间。多细胞生物的进化就是事实:通过合作,它们的遗传谱系更有可能传递到下一代。我们的体细胞有点像蜂巢里的工蜂(见问题72)。体细胞彼此间有着接近

100%的亲缘关系(尽管这里或那里有奇怪的突变),因此协助生殖细胞进行繁殖对体细胞应是有益的。但是肠道微生物和我们无关,它们应该更有兴趣利用我们达到它们自己的目的。这种情况是有可能发生的。

阿尔弗雷德·拉塞尔·华莱士在婆罗洲森林探险中发现了一个例子。蛇形虫草会攻击生活在树上的木蚁。一旦被蛇形虫草感染,木蚁就会被驱赶到湿度和温度都适合蛇形虫草生长的地面上。在那里,木蚁会躲到叶子的下面,用下颚抓住叶子,然后进入蛰伏状态,直到7~10天后死去。与此同时,蛇形虫草会一直生长,直到它们的子实体从木蚁的头上长出来,最终释放出孢子。

另一个例子是一种线虫(*Myrmeconema*)。当它们感染冠层蚂蚁时,蚂蚁的腹部会变色,看起来像成熟的水果。随后,这种"水果"被鸟吃掉,这些鸟的粪便会被更多的蚂蚁收集并连同其中含有的线虫被带到蚁穴中,让线虫找到新的宿主。这是多么奇怪的现象啊。一个更为常见的例子是狂犬病毒,它们会使宿主(有时包括人类)变得更具攻击性,以至随机咬伤下一个受害者,导致病毒通过原宿主的唾液传播给新宿主。

幸运的是,我们体内并没有多少如此狡猾的微生物,更不用说我们自己的细胞了。我们细胞的利益基本上是一致的,这有助于维持人体系统的稳定。在某种程度上,这是一个漫长进化过程的结果。在这个过程中,我们身体的不同组成部分作为共生体相互适应(见问题 36)。

39. 为什么我们不能长生不老?

从细菌到人类,所有的生物都会衰老和死亡。所以一个显而易见的问题是:自然选择难道不应该找到一种方法让我们永生吗?毕竟,寿命较长的个体比寿命较短的个体能产生更多的后代。有些树能活几千年,那为什么我们人类不能呢?

事实上,我们人类如此渴望永生,以至于我们愿意把大量的金钱花在医疗、饮食和运动上,这些都是为了达到长生不老这个目的——有时候,我们甚至把身体深度冷冻,希望在未来的某个时候,医学会找到让我们起死回生的方法。尽管自然选择能带来有利的结果,但有三个相当明显的原因可能会让我们的希望落空。

第一个原因是,在繁殖投资和生存投资之间存在一种权衡:生物会选择以牺牲自身生存为代价,将一切豪掷于繁殖之机。太平洋鲑鱼、雄性袋鼬、海生猪鬃蠕虫和西非酒椰等物种就属于这种情况。它们把一切都投入繁殖中,然后精疲力竭地死去。问题是繁殖的能耗很高,而没有一种生物拥有无限的能量。繁殖迟早会将生物的能量消耗殆尽。性激素睾酮给男性生理系统带来了相当大的压力,由此产生的损耗会显著降低男性的预期寿命。一项对过去500年来朝鲜皇室太监寿命的分析显示,他们的平均寿命比具有相似社会和经济地位的未被阉割的男子长15～20年。同样,生育和养育给女性带来了巨大的损耗,至少一项针对欧洲历史人口的统计学研究发现,女性的寿命与她生育的孩子的数量成反比。

第二个原因是身体会精疲力竭。正如前文所述(见问题38),人体器官会不断更新,但某些器官相对来说不易更新,当这些器官损坏时,就无法恢复了。更重要的是,突变可能随着每个细胞的复制而积累。此外,在生命后期表达的有害基因相较于那些在生命早期表达的基因将更少地受到选择的影响:后者的携带者还未繁殖即被杀死,而前者的携带者在自然选择之前就已完成了繁殖。器官损坏、突变积累、有害基因传递,所有这些过程最终将会消磨掉我们的身体,而我们却无能为力。

第三个原因是简单的偶然进化事件。有些生物的物质构造特别坚韧,这使它们能够活得更久,因为它们受损害的可能性较小。树木是地球上寿命最长的生命形式之一。据估计,加利福尼亚州的一些红杉有2000年的历史。塔斯马尼亚岛上休恩松的一些茎(见问题 37)也有 2000 年的历史,整个克隆体可能有 11000 年的历史,但与邻近的金氏山龙眼相比就显得微不足道了,金氏山龙眼唯一幸存的克隆体大约有 43000 年的历史。

树木长寿的原因之一是构成树干纤维的木质素(尤其是最近发现的纤维素纳米晶,其强度是钢的 8 倍)特别坚韧,能够抵抗意外断裂和食草动物的攻击。然而,大多数生物并没有这种优势,因为由这些物质构造的身体有两个重要的缺陷。首先,这些物质使树木非常沉重,从而增加了运动成本(这就是树木

树木是地球上寿命最长的生命形式之一

不能移动的一个原因，尽管在《指环王》中树木可以移动）。其次，树干相对不灵活，这就是为什么即使面对最强的风，它们也不会弯曲太多。如果你想在树上爬来爬去或逃避捕食者时身体能够扭动和转动，那么你不会愿意成为一棵树。

这都是不同选择间的权衡，其中任何一种选择都可能是解决生存和繁殖问题的合理替代方案。这些生物学决策的复杂性使我们几乎不可能找到一种远胜其他方案的完美解决方案。简而言之，通常有许多不同的方案可以最大化适合度。自然选择所能获得的最好结果就是劣中选优。

40. 进化纵然是事实，但为什么进化论与今天的我们有关？

也许了解进化过程最迫切的现实原因是疾病。我们所面临的最重要的一个问题是医疗水平的发展速度跟不上新疾病的出现速度。这不仅适用于折磨我们人类的疾病（从埃博拉出血热到寨卡病毒感染），也同样适用于肆虐农作物和家畜的疾病（7000 种锈菌引发的锈病危害着我们的农作物，孢囊线虫病每年给欧洲的马铃薯产业造成约 3 亿美元的损失）。

了解进化过程可以让我们更有效地根除疾病，就如 20 世纪 70 年代根除天花那样。但问题往往是我们如何跟上病毒和细菌在自然选择作用下变化的速度。新疾病的出现和已有疾病的演变以单调的规律重复。它们威胁着我们的健康和生存。我们的治疗方法总是在一段时间内起作用，然后新的病原体产生，我们之前的疗法可能就不再起作用。这样的疾病包括在 20 世纪 50 年代用来控制家兔和野兔数量的兔黏液瘤病，耐甲氧西林金黄色葡萄球菌以及其他许多在过去几十年让医院不胜其扰的耐抗生素的超级细菌、耐滴滴涕和氯喹的疟原虫等引发的感染。如果没有进化论，我们未来将总是被新疾病困扰，而且在处理过程中会遇到越来越多的麻烦。

有关疟原虫耐药性的故事就很有启发性。滴滴涕是一种有机氯化合物，首次合成于 1874 年。65 年后，瑞士科学家保罗・赫尔曼・米勒(Paul Hermann Müller)发现滴滴涕有杀虫特性。尤其是第二次世界大战期间，它被军方广泛用来控制战时及战后在军人和平民中流行的斑疹伤寒和其他疾病。米勒因此获得了 1948 年的诺贝尔生理学或医学奖。之后，20 世纪 50 年代，热带地区广泛用滴滴涕来灭杀携带疟原虫的蚊子以控制疟疾。然而，到了 20 世纪 60 年代，人们发现滴滴涕不仅对环境有害(见问题 48)，而且疟原虫已经对它产生了耐药性。

20世纪80年代,氯喹也出现了同样的情况。氯喹是一种主要的抗疟药,在20世纪40年代实现人工合成后被同时用来预防和治疗疟疾。疟原虫体内编码PfCRT蛋白的基因产生了单核苷酸突变,使细胞能够排泄而不是消化对它具有毒性的氯喹。氯喹耐药性在大部分热带地区迅速蔓延,主要的原因可能是大规模的飞行旅行。

对进化过程感兴趣的另一个原因可能就是,我们想了解自己的行为。我们的诞生、迁徙、进化以及如何进化,必然受到进化过程的影响。就像所有生物学问题一样,我们行为的有些方面是相对固定的,有些方面则非常灵活且可以学习或管理。了解我们行为和心理的哪些方面是灵活的,哪些不是,这对于了解我们是否能够更好地改善自身的行为,以及如何最好地做到这一点可能很重要。如果我们不能改变自己的行为,那我们该如何管理自己的行为,以尽量减少自己的行为对社会的不利影响。

尽管了解进化过程有这些现实的用途,但促使我们提出并不断完善进化论的终极原因可能是纯粹的乐趣,因为我们想了解自然世界,了解它是如何形成和运行的。好奇心给人以快乐,且当我们对自然界有新发现并努力解释这些发现时,就会孕育出新的假设和理论。这可能会进一步引出意想不到的发现,从中萌发解决生存与繁殖问题的新方法的种子,解除我们的困扰。如果没有进化论,我们甚至不会想到去问为何、如何、什么、何时等问题,然而正是这些问题促使我们去了解进化过程。

5　物种的进化

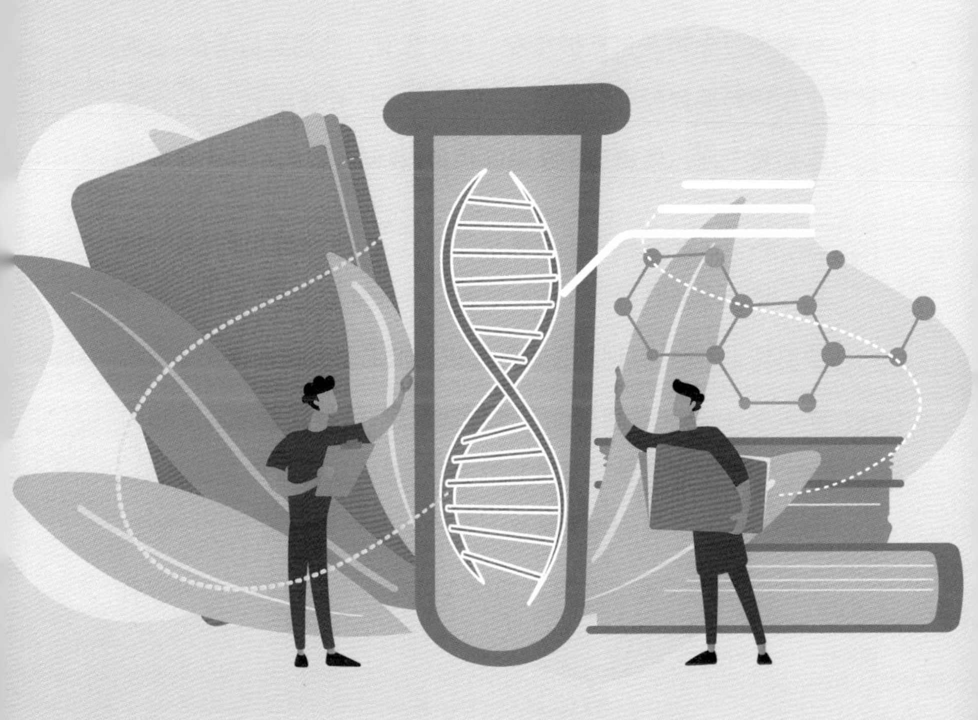

41. 何为物种?

通过一些方法对自然界的万物进行分类十分重要,这也是所有学科的起点。对于生物学来说,进行各种深入的统计分析以对不同属种进行比较也相当重要——达尔文就曾使用过不太深入的方法进行比较,成效也较为显著。在对不同物种进行统计分析时,我们需要确保是在根据物种的亲缘关系进行比较。很重要的一点是,需要确保物种的系统发育(生物的种、属、科、目及其他分类单元的起源和演化,常以进化树表示)尽可能地与生物进化史相吻合。此外还有一些现实的考虑:当两个生物种群同时受到威胁,但我们只能拯救其中之一时,如果它们属于同一物种而不是不同物种,我们是否能少些担忧呢?

第一个正式的分类法是由林奈在18世纪提出的(见问题5)。该分类法是建立在解剖学相似性的基础上的(基于一个合理的假设,即从解剖学角度看起来相似的物种彼此很可能有亲缘关系)。他给了物种一个通俗的解释:一群看起来几乎相同的个体。牛和马显然是不同的物种,绵羊和山羊看起来相似,因此可能有较近的亲缘关系。林奈为每个物种建立了一个模式标本(他将自己作为智人的模式标本),理由是每个物种都有一个理想模式，每个物种的个体都尽其所能去与之匹配。“物种”(species)这个概念最初源于伟大的希腊哲学家柏拉图用来表示模式或形式的希腊词语 eidos。实际上，物种的各个个体拥有相同的基本模式，个体间的差异只是源于现实生存条件的不完善。

尽管柏拉图物种定义在 200 年中应用良好，但由于两个关键事实的显现，该定义在 20 世纪中叶开始瓦解。一个事实是越来越多的证据表明，不同物种确实会交配，并可能产生杂交后代。例如小嘴乌鸦和冠小嘴乌鸦，无论从哪个定义来看，它们似乎都是两个不同的物种，但它们在生境重叠的区域易发生杂交。在尼安德特人灭绝之前，现代人明显与欧洲的尼安德特人有杂交后代，因此大多数欧洲人有一小部分尼安德特人基因(见问题 65)。柏拉图物种定义显然没有我们想象的那么独特，事实上，一些物种已经被证明是两个或两个以上物种的嵌合体，例如地衣可能是多达 20000 个物种的嵌合体(见问题 35)。

第二个事实是，柏拉图物种定义与现代综合进化论和新的群体遗传学产生了极大的冲突。现代综合进化论将一个种群看作一群相关个体的集合，这些个体的性状(当然还有基因)略有差异，这是由于它们自共同祖先出现以来历经多代，产生了多次突变。因此，与其说个体间的微小差异是由没有特定意义的发育错误所致，还不如说这些差异实际上是问题的关键所在。它们是未来新物种形成的原因。

20世纪50年代，人们普遍认为物种应该被定义为能够通过杂交繁殖产生可存活（可育）后代的一类动物。马和驴可以杂交，但它们的后代（骡子）是不能生育的，所以马和驴是两个不同的物种。该定义被称为生物学物种定义，它认为自然界中所有现生生物之间的遗传差异是连续的，而不是完全离散的。在野生环境中，不同物种偶尔杂交，并不总是产生可育的后代，这通常是因为不同物种的染色体不能很好地配对。例如，大蒜

骡子无法生育

只有 10 条染色体，而小麦有 42 条染色体，瓶尔小草有 1000 多条染色体。在动物中，雄性麂鹿只有 7 条染色体，而黑猩猩有 48 条，狗有 78 条，翠鸟有 132 条。尽管这种障碍不是绝对的，但如果亲本双方的染色体不能配对，受精卵通常不会正常发育，胚胎将很快死亡。

42. 为何物种难以定义？

虽然生物学物种定义足够好用（见问题 41），但并不完美，特别是在植物和微生物中有很多例外。传统的物种定义假设每个个体仅从其两个亲本处获得遗传物质，但事实并不总是如此，遗传物质还可以通过噬菌体（一种病毒）和质粒（一种存在于染色体外可单独复制的 DNA 分子）在不同物种之间水平转移。噬菌体和质粒可以入侵新宿主的细胞，从而引入外来 DNA。这在原核生物中特别常见。事实上，这可能是细菌获得抗生素耐药性的主要机制（见问题 40）。这一过程也发生在甲壳类动物（螃蟹等）和棘皮动物（海胆和海参等）中。

即使是在大型脊椎动物中也有一些尴尬的情况发生。就经历了较长地质时期的化石物种而言，很难确定它们何时发生了足以让其被划分为新物种的巨大变化。“环物种”是另一个难题，北欧的海鸥就是其中最著名的一个例子：在西欧，它们是人们熟悉的小黑背鸥，但往东就变成了乌灰银鸥，在西伯利亚东部变为了西伯利亚银鸥，穿过白令海峡转变为织女银鸥，最后转变为银鸥。在西欧，银鸥作为一个独立物种与小黑背鸥愉快地生活在一起。向东迁徙的每两个相邻物种都可以杂交。人们认为这些物种中的“环”是由北极的极地西风使鸟类自然而然地从西向东移动造成的。因为它们中的任一物种都更容易与东部的相邻物种杂交，因此形成了向东的水平基因转移。这样，当它们经由北美洲返回欧洲时，就累积了足够多的遗传差异，使得位于环的两个“端点”的物种不可能进行杂交。

事实上我们面对的是一个连续的自然世界，所有事物都因为来自共同祖先而相互联系，即使这种关系链有时跨越了数十亿年。然而，我们仍在试图将这种自然变化的连续体拟合代入柏拉图物种定义的分类框架中。这主要归因于人类心理学：人们发现分门别类地思考要容易得多。但是，真实世界里的动植物仅仅是由一些或多或少有紧密联系的个体组成的，因此将不同群体界定为不同的种或属，或其他更高级的分类阶元，既方便又严谨。生物学家需要一个名称来指代研究对象，需要知道研究对象是否（大致）与其他生物相同；以及如果不同，其亲缘关系的远近如何。物种这个概念能满足生物学家的需求，但不应该被过多依赖。有人甚至认为，这是生物学中最无趣的事（不过，如果你想长寿和幸福的话，还是不要对生物分类学家这么说）。

尽管存在些许缺点，但在大多数情况下，生物学物种定义仍然有效。就像细菌不会与人类交配一样，鸟类不会与哺乳动物交配。一旦物种之间有足够的遗传距离，生物学物种定义就会认为其谱系关系较远。然而，有一个问题，我们会阶段性地热衷于划分新的物种。有时，我们通过合并亲缘关系较近的物种来大幅度地减少物种数量，划分阶段与合并阶段交织在一起。人们似乎自然地分成了狂热的“分裂者”和“合并者”两个派别。

我们更热衷于给人类的近亲进行物种划分。灵长类动物的属间差异如果放在甲虫里，可能也就是种间差异的水平。灵长类的划分是一个典型案例：在 20 世纪 80 年代，人们确认了大约 120 个不同的种。然而到了 21 世纪 10 年代，有人认为灵长类应该有多达 350 个种，他们根据种间基因或皮毛的细微差异，将以前认为的一个物种细分成十几个甚至更多个物种。出于保护的目的（以及被当作权威引用带来的个人收益）增加物种数量可能是一种政治正确，但这样做是否有令人信服的科学依据值得怀疑。然而，这并不妨碍我们对达尔文最初提出的问题产生兴趣：新物种（无论我们如何定义）是如何形成的？

43. 新物种是如何形成的?

自达尔文出版《物种起源》的 160 多年以来,物种的形成过程一直是生物学家关注的中心议题,达尔文自己也提供了很多答案。地理隔离的种群获得了对当地环境的独特适应能力,并最终进化出足以让我们把它们划分为新物种的外观差异。

从那时候起,有关物种如何形成的研究整合了更完善的遗传学和遗传机制内容,帮助我们从几个重要的方面更好地理解物种形成过程。其中一个方面是,在演化为独立物种的过程中,两个种群间的基因流应该极小。如果两个种群因个体之间的交配而产生过大的基因流,基因库将无法分化,因为在一个种群中丢失的任何基因都将因另一个种群的基因流入而被弥补,出现在一个种群中的任何新基因都将很快进入另一个种群。这通常是一个种群的个体为了寻找配偶而向另一个种群移动的结果。

地理隔离是物种形成的一个附加条件(异域物种形成)。如果将一个物种的分布区分隔成两个区域,而且个体不能在两个区域之间移动,那么两个区域的个体很容易成为两个新物种。大河改变流向,物种分布区内出现一个峡谷,或是火山岛在漂移中分离开来,就会出现这种情况(例如,科隆群岛上的达尔文雀和加拉帕戈斯象龟就是这样的例子)。这种情况一旦发生,种群的一部分个体就可能通过对新生境的本地适应或者基因突变积累导致的遗传漂变,形成新物种(见问题29)。

异域物种形成的一个重要因素是奠基者效应。大多数新物种是由亲本物种的一小部分个体迁移到一个新生境中后形成的,这个新生境通常处于该物种地理分布区的边缘。新生境中的亚种群会经历快速进化,从而非常快速地从亲本物种中分化出来。这种情况的发生需要新生境提供非常大的、新的选择压力。但是当迁移到新生境的亚种群不能代表整个亲本物种的遗传变异时,这种情况也会发生。结果,亲本物种的遗传特性很可能在新物种中被放大。

物种形成可能发生在亲本物种的种群大规模灭绝,只有一两个小的边缘种群存活下来的时候。现代人可能就是这样的例子:现代人是约15万年前生活在非洲东北部的一个种群中的5000个雌性的后代。这就是所谓的"线粒体夏娃"假说。这么命名是基于采集自世界各地的女性线粒体DNA(线粒体遗传方式主要是母系遗传)的相似性和差异性证据。

物种形成也可能在只有部分地理隔离的情况下发生,这就是所谓的邻域物种形成。然而,这通常需要种群内的基因库存在足够大的差异，使得两种遗传亚型的杂交后代的适合度低于任一亲本。在这种情况下，两个亚种群之间的基因交流将会减少，最终形成两个独立的物种。这通常需要某种形式的生境梯度，不同生境类型的差异大到分布区两端的种群无法经常碰面，使得这些种群对不同生境类型产生本地适应。“环物种”(见问题 42)即为一个例子。

除了异域物种形成，物种形成还有一种模式——同域物种形成，如此命名是因为两个新物种初期实际上生活在同一生境。这在寄生物种中很常见，其中一个种群的个体开始专注于另外的宿主。即便如此，生殖隔离仍十分必要。19 世纪北美洲从欧洲引入苹果后，部分山楂果蝇就开始以苹果为食，并最终演化为无法与山楂果蝇杂交的苹果果蝇。北美雪雁有两种颜色的形态型(蓝色和白色)，毛色由单一基因控制(蓝色为显性，白色为纯合隐性)，但两种形态型的雪雁都在加拿大北极的同一地区繁殖。虽然它们有时也会交配(并产生可育后代)，但也有毛色隔离的倾向(蓝色雪雁更喜欢与蓝色雪雁交配，白色雪雁更喜欢与白色雪雁交配)。在杂交率足够低和持续时间足够长的情况下，这种纯属偶然的隔离(可能是亲缘识别的结果，见问题 27)最终导致两个独立物种的形成。

多倍体，至少在植物中，是一种相当常见的同域物种形成形式。多倍体是指在减数分裂过程中由于染色体的偶然复制，承袭了全部或部分染色体的多个拷贝的后代。这被认为是物种进化出大量染色体的主要遗传机制之一。由于拥有不同数量染色体的个体在交配时通常不会产生后代，亚种群间就会发生相当于快速生殖隔离的现象，至少在有足够多的多倍体个体相互交配的时候是如此。额外的染色体拷贝通常会导致后代的外观（表型）发生显著变化。

人类中也存在有限的多倍体个体，以唐氏综合征患者最为常见。由于 21 号染色体的偶然复制，唐氏综合征患者具有 3 条而非 2 条 21 号染色体（因此唐氏综合征也被称为 21 三体综合征）。这通常发生在细胞分裂过程中，染色体的 2 个拷贝偶然被分配在一起，导致一个子细胞有 2 个拷贝而另一个子细胞则没有。

44. 为什么遗传学和解剖学有时在进化历史方面存在分歧？

一般来说，由分子遗传学证据产生的系统发育（或进化系统树）与基于解剖学证据的传统的系统发育令人欣慰地相似。总的来说，它们在主要类群的分类（两栖类与爬行类，鸟类与哺乳动物，灵长类与食肉类或有蹄类）以及不同目（灵长目的原猴亚目与类人猿亚目）内大多数类群的归类上完全一致。但遗传学和解剖学常在近缘属内种间的系统发育关系上产生分歧。生物分类学家早已在解剖学的基础上确认了狒狒的5个种(它们看起来确实不同),但从遗传学角度来看,它们的关系十分混乱,可能反映了跨越地理边界的基因流。有些人可能会认为,尽管狒狒的5个种之间有明显的生理差异,但最好还是将它们视为一个种。

然而,有一些引人注目的分歧迫使我们改变对进化历史的认识。也许其中最为人熟知的就是人类在人科动物(类人猿亚目的一个科,不包括长臂猿科动物)中的位置。根据解剖学证据,生物分类学家一直认为人类是人科中的另类,因为人类能够完全直立、脑容量更大、没有浓密的体毛,以及具有使用语言和制造工具的能力。黑猩猩和大猩猩的血缘关系明显很近(同属非洲类人猿),而猩猩(属于亚洲类人猿)显然是它们的姐妹物种。然而,在20世纪70年代,遗传学证据颠覆了这些认知。事实上,黑猩猩、大猩猩和人类组成非洲类人猿,而猩猩是非洲类人猿的远房表亲。虽然大猩猩与黑猩猩、人类的亲缘关系并非很近,但大猩猩依旧被归类为黑猩猩和人类的姐妹属。尽管人类在解剖学和心理学上与黑猩猩、大猩猩不同,但用贾里德·戴蒙德(Jared Diamond)的经典说法来讲,我们只不过是"第三种黑猩猩"。

这种混乱是因为没有认识到强大的选择压力会导致物种在没有重大遗传变化的情况下发生快速的表型变化。当决定物种表型的几个关键基因发生变化,而基因组的其余部分不受影响时,就会发生上述情况。人类和类人猿之间许多看似巨大的差异,其实仅仅是因为少数几个基因而不是大量基因出现了变化。表型可能具有欺骗性。

灵长类分类学家后来受到了第二次冲击。因为遗传学证据显示,一直被视为一个独立物种的大猩猩其实是两个物种,它们大约在26万年前就出现了分化,比我们现代人从古人中分化出来的时间还要早(见问题30)。这似乎是异域物种形成的一个经典案例。在冰期,中非和西非的森林退缩,成为为数不多的孤立"森林斑块"时,不同的大猩猩种群被困在不同的"森林斑块"。在"森林斑块"保持地理隔离的这段时期,不同的种群沿着略微不同的遗传轨迹,在遗传漂变或局部选择作用下出现分化,但对它们的外观影响甚小。

这也很可能解释了现今大量长尾猴共存于中非的森林(且常组成一个包含多个物种的群体一起觅食)的现象。这些猴科动物可能是在末次冰期被隔离的"森林斑块"中演化而来的。后来,虽然随着冰期的结束,"森林斑块"又重新连通,这些物种再次相遇。但这些物种现在之所以能共存,是因为它们的遗传差异足够大,不会相互竞争。

小种是一个物种在地理分布区内分化出的最小种群。虽然小种之间看起来不同,但遗传差异不大,这种现象非常常见,例如蒲公英(该物种大约有400个小种)和黑莓(大约有200个小种)。动物中的例子有袖蝶和树蛙,狒狒也可以作为一个例子,其下包含5个种(也有人认为是6个)。许多小种是处于物种形成过程中的种群(如果任其自然演化,最终会形成真正的新物种)。这或许提醒了我们一个重要的道理:我们现在看到的自然界只是一个动态过程的快照,快照捕捉到的只是不同谱系在它们进化历史中的不同阶段。

45. 物种为何会灭绝?

物种和单个种群灭绝的原因显而易见,那就是它们不能繁殖足够多的后代来弥补死亡的个体。那么,潜在的问题是:为什么成年个体死亡得这么快?

死亡率突然升高的主要原因是气候变化,或者由气候变化导致的当地植被条件或猎物可获得性的变化。大多数物种都适应了特定的环境条件,如果环境条件的变化速度太快,致使种群繁殖速度不能跟上,那么物种就会灭绝。例如,直到约

50 万年前,狮尾狒仍是一个分布广泛的物种,遍布撒哈拉以南非洲、南欧和亚洲,甚至向东到达印度。后来,它们突然消失了,只在埃塞俄比亚北部和中部的高海拔高原地区留下一个非常小的种群。狮尾狒是灵长类动物中一种不常见的食草动物,已经适应了在低海拔地区广泛生长的柔软的山地型草类。但是在大约 200 万年前气候发生变化,当时气候急剧变得干燥,导致草原带向更凉爽的高海拔地区转移,而在低海拔地区取而代之的是较坚硬的草类,这些草类也是现在非洲大草原的典型植物。狮尾狒无法适应这些坚硬的草类,而且在地势较低的生境,狮尾狒的移动速度不够快,无法跟上它们最喜欢的生境的地理分布变化。就这样,狮尾狒消失了。

这个例子说明了一个促使物种灭绝发生的诱因:食性特化。作为食性特化最为严重的灵长类动物之一,狮尾狒面临的风险极大。相比之下,在狮尾狒退出低海拔地区的过程中,杂食性的、在生境适应上灵活得多的狒狒,大大扩展了活动范围,取代了撒哈拉以南非洲大部分地区的狮尾狒。一项关于未来气候变暖对灵长类动物种群影响的模拟实验表明,专性食叶的物种(就是主要食叶、少食果的物种,比如美丽的疣猴)将为生存而挣扎,而杂食性的食果物种一般来说将会活得很好。食叶动物面临的问题是,食叶是一件耗时的事情(必须像牛和羊那样留出额外的时间使叶子发酵、被消化),而时间正是大多数物种所缺乏的东西。事实上,阻碍动物在恶劣生境中生存的最常见因素是时间压力,而不是食物短缺(见问题84)。

第二个导致物种灭绝的危险因素是庞大的体型。体型变大可以减少捕猎者数量,是一种有效的反捕食策略。然而,大体型的发育需要更多的时间(主要是因为细胞以恒定的速度分裂,由更多细胞组成的大体型个体需要进行更多次细胞分裂)。这意味着发育更慢,两次生育之间的时间间隔更长,也就意味着一生中生育的后代数量更少。因此,当环境灾害造成大量个体死亡时,大型动物对此的反应更慢,结果在种群有时间恢复之前,更容易受到局部灭绝的影响。

在与捕食者不断升级的"军备竞赛"中,有些物种倾向于随着时间的推移增大体型(见问题51),它们往往会被逼入一个难以逃脱的进化"死胡同"。侏儒化(体型变小)也的确发生过(例如身高仅1米的现实版"霍比特人",直到2万年前还生活在没有捕食者的印度尼西亚弗洛雷斯岛上),但相对来说要罕见得多。

第三个导致物种灭绝的危险因素是小种群。小种群的恢复力更弱,因为小种群没有余力抵抗突如其来的高死亡率(例如,洪水、火山喷发或疾病流行造成的死亡)。如果小种群也彼此隔离(例如,分布在不同的山峰上),那么灭绝的风险就会大得多,因为邻近的种群无法轻易跨越地理障碍来取代彼此。这可能是导致18世纪早期小冰期中国中部的长臂猿种群加速灭绝的原因。

某些地区的物种可能比其他地区的物种面临着更高的灭绝风险。易发生野火(由雷电引发)的地区,对行动不便、无法逃离不断蔓延的火墙的动物来说十分危险。大型河流的河道变化莫测(许多河流都是如此),也可能十分危险,因为河道的变化可以把一个虽小但具有生存力的种群分成两个更小(因此也不再具有生存力)的种群。容易遭受飓风(西大西洋)或台风(西太平洋)袭击的地区也很危险:中国东南部特别容易遭受台风的侵袭,因此有异常高比例的物种面临着灭绝风险。

最后但并不是最不重要的一个导致物种灭绝的危险因素是与其他物种的竞争。生态学中有一个普遍规律是,如果两个物种为了相同的资源而竞争,它们就不能共存:一个物种会占据绝大部分资源,导致另一个物种灭绝。19世纪,比欧洲红松鼠体型更大、攻击性和适应性更强的北美灰松鼠被引入不列颠群岛,经过一个世纪的资源竞争,除了英格兰北部和苏格兰西部的几个小区域,其他区域已基本见不到欧洲红松鼠了。20世纪70年代,英国政府将北美洲的通讯螯虾引进英国,以开创新的淡水养殖产业。不可避免的是，它们从养殖场逃了出来，迅速在英国的河流中扩散，并在竞争中打败了本地体型较小的白爪小龙虾，导致白爪小龙虾大部分种群灭绝。通讯螯虾甚至能在河堤上挖深达2米的洞，导致河堤坍塌。

然而，到目前为止，导致物种灭绝的最大危险因素是人类(见问题48)。通过“积极地”破坏生境和过度捕猎，人类要为地球生命史上的最近一次大灭绝负责。

46. 地球生命史上发生过多少次大灭绝事件?

单个物种的灭绝事件一直在不停地发生，主要是因为它们跟不上环境变化的速度，或无法应对新出现的捕食者或疾病。这种有规律的小型灭绝事件给我们提供了物种灭绝的参考速度(灭绝的背景速度)，据此判断是否正在发生更严重的灭绝事件。据估计，每100万年有2～5个海洋动物科(生物的一个分类阶元，由相关属组成)灭绝。当海洋动物科的实际灭绝速度大大超过这个背景速度时，大灭绝事件就发生了。

在地球上的复杂生命出现后的30亿年里，由于灭绝速度显著超过背景速度而发生的物种大灭绝事件总共发生过5次。在多细胞生物进化之前，可能还存在其他大灭绝事件，但目前难以探测到，唯一确定发生过的就是大氧化事件（见问题 32）。5 次大灭绝事件均发生在过去的 5 亿年里，分别在距今大约 4.5 亿年前、3.7 亿年前、2.52 亿年前、2.01 亿年前和 6600 万年前。每一次大灭绝事件都标志着两个主要地质时代之间的分界线，因此每次大灭绝事件都以它所分隔的地质时代来命名。我们现在似乎正处于第六次大灭绝事件之中。

第一次大灭绝事件发生在约 4.5 亿年前的奥陶纪—志留纪，实际上这是一系列灭绝事件，主要影响了海洋生物群落。大约 1/3 的腕足动物（曾经广泛分布的甲壳类动物）和苔藓虫动物消失了，还有许多三叶虫（已灭绝的一类节肢动物）、牙形动物（一类已灭绝的类似鳗鱼的小齿生物）和珊瑚消失了。海洋动物中 50%～60%的属和 85%的种消失了。人们认为这是奥陶纪末期的气温急剧下降引发冰期（甚至撒哈拉在那个时候也分布着冰川），海平面急剧下降，大陆架大面积暴露，海洋环境中毒性累积而引发的。造成气温下降的可能原因之一是，在银河系内，距离地球 6000 光年外的一颗超新星（恒星引力坍缩过程中的一个阶段，最终演化为一个黑洞）发生了 γ 射线暴。一场长达 10 秒的 γ 射线暴可使地球大气层中的臭氧减少一半，并使地表生命暴露在极端紫外辐射中。另一种可能是这个时期火山喷发，导致大气层充满灰尘，阻挡了太阳光。

泥盆纪后期的大灭绝事件(3.7 亿年前)只影响了海洋生物,并涉及了两次主要的灭绝脉冲,仅第一次就导致了 19%的科和 50%的属灭绝。泥盆纪是珊瑚礁大量形成的时期,但是几乎所有的珊瑚礁在那时灭绝了。其原因尚不清楚,但海平面的变化(可能又是由于冰川扩张)和海洋中氧气水平的下降似乎与此有关。有人认为彗星撞击地球是一个导火索。

二叠纪末期的大灭绝事件(2.52 亿年前)是地球上规模最大的大灭绝事件。据估计,96%的海洋生物和 70%的陆生脊椎动物灭绝了。这是已知的唯一一次严重影响昆虫的大灭绝事件。有碳酸钙外壳的物种受到的影响尤其严重。陆地生境的生物多样性经过了大约 1000 万年才得以恢复。此次大灭绝事件的灭绝模式明显与低氧(氧气缺乏)有关。被冲击过的石英、陨石碎片,以及含有只存在于宇宙其他地方的稀有气体的富勒烯(微小的碳球)等证据表明,彗星撞击地球是造成物种灭绝的可能原因之一。

海洋底部遭受撞击也是有可能的,但海底火山口的证据现在很可能已经完全消失了,因为海底每隔 2 亿年就会因为俯冲作用(地球的构造板块在海底相向运动)被完全替换一次。其中一个撞击地点很可能在澳大利亚的东北角,另一个在南极冰盖下面。这两个地点都有非常大的陨石坑(直径分别为 250 千米和 480 千米),陨石坑的边缘都是一圈非常高的海底山脉。与彗星撞击地球导致的恐龙灭绝相似(见问题 47),这个时期的灭绝事件也与地球北半球频繁的火山活动(也就是西伯利亚暗色岩事件)有关。不同寻常的是,喷射出的西伯利亚熔岩中有 20%是火山碎屑(被抛向高空的火山灰和酸性气溶胶),这可能大大增强了彗星撞击地球造成的核冬天效应。

三叠纪—侏罗纪的大灭绝事件(2.01 亿年前)导致了 25%～30%的海洋生物属和 42%的陆地四足动物属(以四肢为运动器官的物种)的灭绝,所有这些都发生在不到 1 万年的时间里。与之前不同的是,花粉化石记录表明这次大灭绝事件中植物物种也急剧减少,植物多样性降低了约 60%。这次大灭绝事件的最可能原因是一次强烈的火山活动:中大西洋岩浆区(大西洋中部的大片火山喷发区)恰好在这个时候喷发,这是地球历史上规模最大的一次玄武岩熔岩流喷发,可能导致了泛大陆的解体。火山喷发会向大气中释放大量的二氧化碳和二氧化硫,导致气候变暖。接下来就是第五次大灭绝事件,即与恐龙消失有关的那次大灭绝。

47. 恐龙真的灭绝了吗?

在过去 3 亿年的大部分时间(爬行动物时代)里,恐龙是地球上最主要的生命形式。然后，在大约6600万年前，它们突然全部消失，取而代之的是哺乳动物。“突然”是相对而言的，恐龙当然不是一夜之间消失的，而是在数万年的时间里逐渐消失的。恐龙灭绝的原因是一个世纪以来地质学的标志性谜题之一。

1980年前后，路易斯·阿尔瓦雷斯(Luis Alvarez)和沃尔特·阿尔瓦雷斯(Walter Alvarez)父子组成的地质小组注意到，恰好在这个时期，世界各地都有一个薄而暗的地层。这一地层(在大多数地方只有几厘米厚)中有异常高含量的铱元素，这种化学元素在地球上非常稀有，但在小行星中含量丰富。该地层也充满了受到冲击的石英和彗星撞击地球而形成的结晶态熔融岩石的微小球体。他们认为恐龙的灭绝是由一次巨大的彗星或小行星撞击地球事件造成的。这个时期也涉及频繁的火山活动，特别是印度的德干地盾(一个2000米厚的熔岩区域，当时喷出的熔岩的总体积为100万立方千米)，火山活动产生的冲击波在地球上回荡，并导致了地球另一侧的火山喷发。火山喷发释放的有毒气体(尤其是二氧化硫)和火山灰显著地强化了彗星或小行星撞击地球产生的气体和炽热碎片所造成的温室效应。

希克苏鲁伯陨石坑的发现证实了上述观点。该陨石坑位于加勒比海西南部，直径150千米，深20千米，其南缘是墨西哥的尤卡坦半岛。据估计，导致该陨石坑形成的小行星的直径为10～15千米。从墨西哥海岸一直延伸到美国得克萨斯州的海啸海床，以及更厚、更深的火山灰层（厚达1米，表明离撞击地点很近），都证实了这一观点。如此巨大的物体在穿过大气层时产生的摩擦会点燃大气层，而撞击本身会将大量碎片抛向大气层上部。化石证据表明，距离该陨石坑5000千米之外的动物瞬间死亡并被掩埋。由此产生的尘埃云遮蔽了整个地球上空的光线，使地球陷入黑暗，并使大部分地面覆盖在火山灰中长达至少10年。在这种状况下，植物是不可能进行光合作

有人认为恐龙的灭绝是由彗星或小行星撞击地球造成的

用的，据推测，北美洲有57%的植物灭绝了。附带说一下，有证据表明，在西半球同一纬度，可能有一排较小的撞击坑，表明一个更大的天体可能在进入地球大气层时解体了。如果事实是这样，其影响只会比推测的更大。

所有以植物为食的物种都会面临食物短缺的困扰，随即是以食草动物为食的食肉动物也会面临同样的问题。据估计，第五次大灭绝事件中有超过75%的物种灭绝。以前“称霸”地球的那些物种全部都不见了，包括恐龙、蛇颈龙(海洋动物)、巨型海鬣蜥和菊石(与章鱼有亲缘关系的一类巨型软体动物，其壳的卷曲直径可达2米，经过切片和抛光后可作为装饰艺术品，因而备受珍视)。鲨鱼、魟鱼和鳐鱼的41个科中，有7个科在这个时期消失了。存活下来的物种主要是体型较小的杂食类、食虫类和食腐类动物。幸存下来的爬行动物是那些体重不超过25千克的类群(例如海龟、小鳄鱼和蛇)。

然而，的确有一群小型恐龙存活了下来，即现生鸟类的祖先。因此，从某种意义上说，恐龙从未灭绝过。它们中的一些仍然很快乐地和我们共存。当气候再次稳定下来时，鸟类和幸存下来的小型哺乳动物经历了迅速的物种辐射，演化出我们今天所熟悉的大多数主要类群。即便如此，直到撞击发生后18.5万年左右，化石记录中才开始大量出现哺乳动物。

48. 人类是否对物种灭绝负有责任？

直到几千年前，人类种群还太小，而且较为分散，对栖息地和野生动物仅造成局部破坏。从新石器时代开始，大量人口聚居在城市中心，为获取建筑材料和燃料而砍伐树木，以及为获取食物维持高度本地化的人口规模而大规模开垦土地，这些行为都不可避免地导致了水土流失和沙漠化，造成了较大的环境压力。现属以色列的阿科城（中世纪由十字军建成）位于地中海沿岸，被人类持续占据了6000年之久。考古记录详细揭示了城市化对当地环境的巨大影响，导致这里的植被从茂密的森林永久变为生产力极低的干燥灌木丛。相似地，在公元1200年前波利尼西亚人首次殖民太平洋东南部的复活节岛时，岛上森林茂密，但当1722年第一批欧洲人到达该岛时，岛上的森林已经被砍伐殆尽，这个曾经繁荣的地方陷入了饥荒和内战。

一个普遍的现象是，即使在未出现城市化的情况下，现代人类的到来也导致了当地动物群落的崩溃。这通常对体型较大的物种影响更大（原因在问题46中讨论过）。例如，澳大利亚土著抵达这片大陆（约40000年前）后不久澳大利亚大型有袋类动物灭绝了，以及大约12700年前第一批印第安人抵达北美洲后不久大型动物(个体体重超过 45 千克的动物,约 90 个属)突然消失了,包括巨型树懒、短面熊、貘、矛牙野猪、美洲狮、剑齿虎、美洲驼、各种大型羚羊和鹿、马、猛犸象、乳齿象、巨型犰狳和巨型海狸。这两种情况似乎都是人类过度捕猎大型、移动缓慢的物种造成的,这些物种还没有进化出任何针对携有武器的移动猎人的防御能力,也缺乏足够快的繁殖速度来抵消被猎杀的速度。

其他例子涉及个别物种,许多情况下来自孤岛,因为人类过度捕猎,或有意无意引入有害物种,孤岛上的本地物种濒临灭绝。其中最著名的例子是渡渡鸟(一种大型的不会飞的鸟类,只在印度洋的毛里求斯岛上发现过,于 17 世纪 60 年代被猎杀至灭绝)和旅鸽(曾是北美洲数量最多的鸟类,但在 1901 年因被猎杀而灭绝)。直到 19 世纪 50 年代,数以千万计的美洲野牛成群结队地游荡在北美洲中西部的平原上,但在 19 世纪,殖民者猎杀了大约 5000 万头野牛,直到只剩下少量个体,导致美洲野牛濒临灭绝。

从轮船上逃到遥远岛屿上的老鼠,已经成了一个特别的问题,尤其是对那些在地面筑巢、没有天敌的岛屿鸟类来说更是一个严重的问题。自 16 世纪欧洲人开始海上航行以来,几乎每座大洋岛屿都陷入过这种状况。

尽管这些例子都令人悲伤，但与20世纪前后地球遭受的栖息地破坏相比，就显得微不足道了。人类要么是为了获取木材，要么是为了种植商业作物（从19世纪80年代的橡胶树到21世纪初的油棕榈），大片的热带原始森林被砍伐。亚洲类人猿中的猩猩，其数量已经减少到了几千只，并且生存空间越来越小，目前仅分布在少数几个保护区。

工业活动也带来了意想不到的后果。第二次世界大战后，广泛用于控制农业害虫的滴滴涕，对北美洲当地的鸟类种群造成了毁灭性的后果，因为滴滴涕会让蛋壳变薄，进而导致繁殖失败。直到生物学家蕾切尔·卡森（Rachel Carson）在她的著作《寂静的春天》（*Silent Spring*）一书中向全世界发出警告后，人们才开始采取行动，禁用了滴滴涕。最近，印度白背兀鹫也经历了类似的变化，其数量从20世纪80年代的8000万只减少到千年之交的几千只。据了解，导致它们死亡的原因是消炎药双氯芬酸的应用，这是一种可用于牲畜但对白背兀鹫来说致命的药物。白背兀鹫在摄食使用了药物的动物尸体后会摄入这种药物。

发生在20世纪的栖息地、野生动植物物种的消失，其速度比灭绝的背景速度高出100～1000倍（见问题45）。一项评估表明，仅在过去的两个世纪里，地球上就消失了多达7%的物种。正因为如此,这也被普遍认为是第六次大灭绝事件,而且是第一次由其他物种,而非自然因素造成的大灭绝。

49. 物种能死而复生吗?

电影《侏罗纪公园》就是基于这样一个想法,利用 DNA 孕育个体来再造已灭绝的物种,如恐龙。因为恐龙已经灭绝太久,其 DNA 未保留下来,所以复活恐龙实际上是不可能的。虽然 DNA 是一类非常稳定的分子,而且具有很强的恢复能力,但最终还是会分解。我们所拥有的最古老的 DNA 是一匹 70 万年前死亡的马的 DNA 片段(而不是完整的基因组)。科学家成功地从生活在 5 万年前的乳齿象和尼安德特人,以及生活在 11 万年前的北极熊的化石中提取了 DNA。即便如此,这些 DNA 序列还是不完整。一旦动物的骨骼完全变成化石,如岩石那样坚硬,那么从中提取任何东西的希望就不大了。

复活那些近期灭绝的物种似乎更有希望。1878 年,生活在南非的伯切尔氏斑马在野外被猎杀至灭绝,最后一只圈养的个体也死于 1883 年。因为伯切尔氏斑马近期才灭绝,所以我们得以保存它们的照片和 10 多张完整的皮。利用克隆技术,将从皮中提取的 DNA 插入巴切尔热带草原斑马的卵细胞中,并以巴切尔热带草原斑马为母体，就有可能复活伯切尔氏斑马。有人建议以大象为母体来复活长毛猛犸象。也有人考虑实施一个类似的旅鸽项目，即用与旅鸽亲缘关系较近的斑尾鸽来做实验。

也有少量物种从灭绝中恢复过来的例子，这些物种通常被称为拉撒路（Lazarus，《新约全书》中被耶稣复活的那个人）物种。然而，所有这些例子实际上都是我们认为物种已经灭绝，但后来又发现有一些个体还活着。最著名的例子无疑是腔棘鱼，一种大型的（约 2 米长）长有肉鳍的深水鱼类，被认为在 6800 万年前已经灭绝。腔棘鱼是肺鱼的亲戚，而不是大多数现代鱼类所属的辐鳍鱼家族的亲戚。1938 年，一位海洋生物学家根据南非海岸的一个渔民捕获的鱼鉴定出了这个物种。这些鱼对渔民来说可能并不陌生；然而，由于腔棘鱼适应了水下 500 米的生活，它们一旦来到水面就会很快腐烂，所以通常被当作不可食用的东西扔回海里。从那以后，生物学家捕获并鉴定出了很多腔棘鱼。腔棘鱼和 4 亿年前的祖先几乎一模一样，这是另一个能够说明海洋深处的生命是如何缓解气候变化带来的选择压力的例子（见问题 16）。

另一个可能的例子是塔斯马尼亚有袋虎，或称袋狼。作为顶级捕食者，它们曾经遍布大洋洲，远至新几内亚岛（它们出现在 1000 年前的澳大利亚岩画中),在 18 世纪欧洲人到来之前,它们就已经在澳大利亚大陆灭绝了。袋狼只在塔斯马尼亚岛存活下来了,但人们认为它们在 20 世纪 30 年代就已经灭绝了。然而,在 20 世纪 90 年代到 21 世纪初,塔斯马尼亚岛偏远地区有人声称观察到或拍到袋狼,不过到目前为止没有任何照片或记录可以证实,也没有袋狼被捕获到。

50. 物种遗传多样性重要吗?

我们常常不顾一切地试图拯救濒临灭绝的物种的最后几个残存种群,甚至个体。我们常热心地捐款,对这种保护濒危物种的最后努力予以支持。但是,仅仅成功拯救几百个个体,并不意味着就拯救了这个物种,能够使它们永远生存下去。

小种群不可避免地会经历奠基者效应(见问题 43),因为相关的个体仅代表该物种初始遗传多样性的一小部分。缺乏遗传多样性意味着这个种群缺乏应对生境变化的可塑性(见问题 45)。这也使存活下来的种群更有可能遭受来自遗传或疾病的困扰,生存受到威胁,我们很熟悉的例子就是近亲繁殖的犬品种会遭受各种各样的健康问题。丧失遗传多样性很可能导致一个物种容易遭受疾病的侵扰,因为这样的物种缺乏免疫力。这还可能会限制物种进化出应对环境压力的能力。

我们可以看到,丧失遗传多样性的情况在人工栽培作物中表现得尤为明显,这些作物通常经过了数千代的选择性培育,遗传多样性所剩无几。结果在19世纪和20世纪的不同时期,商业烟草和咖啡作物遭受了各种病害的严重破坏。在19世纪70年代,法国的葡萄酒业几乎被葡萄根瘤蚜(一种与蚜虫相似的小型吸液汁类昆虫)彻底摧毁,人们对此没有任何化学防御措施。法国葡萄园不得不进口抗蚜的美洲葡萄才得以拯救葡萄酒业。

种群大小对多样性的影响在最近的一项实验中得到了验证。该实验以病毒为寄生物,以细菌为宿主,通过操纵宿主种群来获得更多或更少的克隆细菌(从而有更高或更低的遗传多样性)。病毒可以快速进化以突破宿主的防御机制,因此该实验提出有更多细菌的种群更不容易被寄生物攻占,因为寄生物不能同时适应多种防御机制。实验结果表明确实如此。

20世纪60年代的绿色革命提供了一个极具启发性的例子,说明了因遗传多样性降低而产生的一些问题,以及人类干扰栖息地的后果(见问题48)。新的育种技术被应用于开发惊人的高产新品种谷物,如小麦和水稻。绿色革命让10亿人免受饥饿,其开创者诺曼·勃劳格(Norman Borlaug)因此获得了诺贝尔和平奖。但是密集的育种计划不可避免地使传统小麦和水稻品种丧失了历经几千年培育出的遗传多样性。

因此,新的商业品种更容易受到当地寄生虫和植物病害的影响,它们不仅需要使用大量的杀虫剂以及硝酸盐肥料,还对生长所需的耕地有很高的要求。在率先实施绿色革命的旁遮普地区,其结果是到 2009 年,当地水井中的硝酸盐含量比世界卫生组织建议的安全饮用水硝酸盐含量高出 20%。该地区的癌症发病率(归因于农药和肥料的过度使用)也远高于先前水平。这个例子最终证明被大肆吹嘘的绿色革命并不是无代价的。

育种计划不可避免地使传统谷物丧失遗传多样性

6　复杂性的进化

51. 为何某些物种会以其他物种为食?

生命起源于微小的单细胞生物,它们利用阳光和其他化学物质为自己制造能量。在某个时刻,一些生物发现,不需要费什么劲就可以吃掉它们的“邻居”并获取“邻居”费尽心思制造的能量。如此一来,一个复杂的捕食者与被捕食者等级关系就产生了。捕食者与被捕食者等级关系中有一个至今仍然存在的典型特征,即相较于下层生物,上层生物通常体型更大,但数量更少。大型动物的出生率也较低,因为它们的繁殖需投入更多——这一现象早在公元前350年就被伟大的希腊哲学家、科学家亚里士多德所发现。

大约8亿年前,植物的进化发生了一次重要的阶段性转变(见问题32),因为它为任何以植物为食的物种创造了一种全新的未曾利用过的资源。然而,早期植物(主要是蕨类和针叶树)并非多汁或富含营养,而是到了1.6亿年前,随着有花植物(被子植物)的进化和草原的适时出现,才让真正的大发展得以出现。这导致了两次重大的发展。

首先,植物的进化催生了食草动物因适应新觅食生态位而出现的适应辐射(或物种暴发)事件。其次,植物的进化让以食草动物为食的捕食者得以出现。我认为甚至可能出现第三次进化浪潮,即植物会“攻击”并吃掉它们的捕食者——尽管这主要局限于食虫植物(如猪笼草、茅膏菜、捕虫堇、捕蝇草,还有其他许多以昆虫为食的植物)。

因此,两种主要的生态关系类型(植物与草食动物相互作用、捕食者与猎物相互作用)在极短的时间内相继出现,并影响了生态系统的演化。事实上,这两种相互作用在功能上十分相似,均涉及捕食者对被捕食者的利用。唯一的区别在于,一种情况下被捕食者是静止的植物,而另一种情况下则是移动的动物。除这些细微差别之外,两种相互作用的原则基本相同。两种情况下,被捕食者都会进化出旨在智胜捕食者的策略,而捕食者反过来也会进化出规避这些智胜策略的策略。

这方面有一个很好的例子,就是食肉动物与其有蹄类猎物的脑容量随着进化时间的推移不断增大。食肉动物的脑容量首先增大,以便更有效地捕猎移动的猎物;接着,有蹄类动物的脑容量增大,以智胜食肉动物;随后,食肉动物的脑容量再次增大以智胜有蹄类动物;再然后,有蹄类动物的脑容量又略微增大。这是进化过程中“军备竞赛”的经典案例,随着时间的推移,物种(或者更确切地说,个体)试图在竞争中胜出,赌注便越来越大。

52. 动植物如何相互利用?

植物和食草动物之间已经演化出了一场特别引人注目的进化之舞,植物进化出许多避免被捕食的策略,或者至少是在适合被吃的时候才被吃掉。其中一些策略是机械性的(如长出可威慑食草动物的刺、保护种子的坚硬外壳),另一些策略则是化学性的(如分泌毒素)。例如,许多植物会长出坚硬的外壳保护果实,当种子准备发芽时,外壳会自然裂开并释放出种子。

一些植物希望它们的种子被带到越远处越好,以避免幼苗在生长过程中相互竞争。当它们准备发芽时,就会将种子包裹上一层好看的、甜的果肉外衣,使之尽可能地显示诱惑性,从而吸引食草动物摄食。含糖的果肉为食草动物提供能量,作为交换,食草动物用消化道将植物种子带走。大约一天之后,种子就被排泄到一定的距离之外准备发芽。实际上,如果种子不能通过食草动物的消化道,它们将完全不会发芽:胃酸有助于种子萌发(例如通过消化果壳使其裂开,以便幼芽萌出)。

如果食草动物在种子未发育好之前就吃掉了果实,亲本植物投入的努力就白白浪费掉了。为了防止食草动物食用未成熟的种子,植物会在果肉中注入让食草动物讨厌的次生化合物。这些化合物包括生物碱(有效抑制消化酶或致病的苦味化合物,包括烟碱、可卡因、士的宁和氰化物等)、萜类化合物(如香茅油、薄荷醇、蒎烯等,其中一些会产生有毒的糖苷如洋地黄)、酚类物质(如扰乱内分泌的大麻类物质、干扰蛋白质消化的鞣质)。当果实成熟、种子准备发芽时,这些化合物就会自然分解,变为糖类以吸引食草动物。

不可避免的是,部分食草动物对某些(并非全部)化合物产生了耐受性,可以食用未成熟的果实。类人猿亚目动物(包括人类)无法解除鞣质的毒性,这就是我们在食用未成熟水果时会突然感到口干舌燥(以及如我们的母亲一直警告的那样出现胃痛)的原因。然而,旧大陆猴演化出了解除未成熟水果中的鞣质的毒性的能力,这使它们与类人猿亚目动物相比更有优势(当时旧大陆猴是数量最多的灵长类动物)。

食果的鸟类和哺乳动物在植物种子传播方面发挥着特别重要的作用,尽管这个作用是无意中发挥的。但是我们不应该忘记昆虫,它们作为植物的传粉者,在寻找花蜜(植物友善地为昆虫提供花蜜,将花蜜作为诱饵)时将花粉从一朵花输送到另一朵花。当然,许多植物通过空气授粉,但这有一点碰运气的成分。因此,引诱蜜蜂这样的益虫直接将花粉带到其他植株那里,显然要有效得多。

这些动植物之间的相互关系可以变得十分复杂，形成了达尔文所提到的“错综复杂的河岸”，也引出了生态学中一个至关重要的概念——食物网。

53. 何为食物网？

物种灭绝似乎成群结队地发生的原因是，某个特定区域的不同物种通过一系列复杂的关系紧密地联系在一起，这就是所谓的食物网。食物网是在某一生境中所有的无脊椎动物、植物和脊椎动物之间谁吃谁的相互关系。如同蜘蛛网，食物网极其

蜜蜂是植物的授精者

错综复杂。移除一个物种,会立即影响到以该物种为食的所有生物,无论它们是食草的、食肉的抑或是食腐的。这种作用会继而影响依赖它们的物种,并很快演变为多米诺骨牌式的崩溃。

食物网的标准结构包括三个主要层次或者营养级:生产者(植物以及一些能够依靠太阳光自造能量的微生物)、以生产者为食的初级消费者(通常是食草动物)、以初级消费者为食的次级消费者(通常是食肉动物)。如果食肉动物又以其他食肉动物为食(如北极熊以海豹为食,海豹又以鱼为食),那么次级消费者常常可再划分为好几个层次,这也是前者被称为顶级捕食者的原因。食物网中的不同层级反映了能量通过系统向上流动,在生物体死亡后,分解者将锁定在各个层级的营养物质带回底层,供自养生物加以利用。

自养生物利用太阳光制造能量,并能将其与空气中的化学物质(如二氧化碳中的碳)或土壤中的化学物质(生命必需的铁、铜、镁、锌等微量元素)结合起来。光合作用依赖于叶绿素(使植物呈绿色),叶绿素具有从蓝光和红光中吸收能量的作用。初级消费者以生产者为食,同时为次级消费者提供食物来源。这种能量和营养物质从生产者流向消费者,并最终流向顶级捕食者的关系链被称为食物链。

由于能量在食物网的各个层级都有浪费(一些能量被固定

在植物细胞壁或食草动物的骨骼中，因此不会被吃掉），每个层级的能量数值总是小于它的捕食对象。传统上，层级的大小用生物量来进行衡量——按照字面来理解，就是该层级所有生物的重量（更严格地讲，质量）的总和。这是因为质量是能量含量的一个良好指标。结果就形成了一个生态金字塔，它包括较大的底层（生产者），中等大小的中间层（各类初级消费者），小的次级消费者层，以及非常小的顶级捕食者层。

各层级之间存在一种动态的平衡。如果初级消费者过多，生产者就会被消耗殆尽，整个金字塔就会崩塌。食肉动物（如狮子）通过捕食食草动物来限制食草动物的数量，防止食草动物过度啃食植物，从而促进植物生长。在某些情况下，一个物种的捕食习惯甚至可能促进另一个物种的繁殖。例如，将牛和羊聚集在一起放牧可以使牛的饲养密度大大增加。因为羊吃掉了牛无法消化的植物，使那些被抑制生长的植物得以快速繁殖，从而可以供养更多的牛。

这些复杂的相互关系组成了生态系统的核心——构成某个区域物种集合的一系列动物、植物、分解者和其他生命形式。它们的网络结构十分复杂，反映了不同生物间获得最大利益的最优方案。如果在食物网中移除一个物种，则可能产生巨大的、不可预测的影响。磷虾是一种长 6 厘米的甲壳动物，主要分布于南极洲附近的南大洋水域。它们以微小的浮游植物为食,同时为鱼、企鹅和须鲸(用口腔中的须板过滤大量的磷虾)提供食物来源,进而支撑大量海鸟、海豹和虎鲸种群。

在19世纪人类开始工业化捕捞磷虾之前,磷虾主要被须鲸捕食(捕食量可能占南大洋当前4亿吨磷虾产量的一半),须鲸还负责循环利用封存在磷虾体内的大部分铁,使铁可被浮游植物加以利用,这是构成南大洋食物链的一个重要反馈过程。20世纪的过度捕鲸一开始导致企鹅和海豹的数量快速增长,因为那里的磷虾实在太多了。但随后,须鲸的反馈环被打破了,导致磷虾失去了以前通过须鲸循环利用带来的营养物质,数量减少了,结果企鹅和海豹的数量也跟着减少了(尽管气候变化可能也在这个过程中起到了一定的作用)。

54. 生态系统是否在进化?

鉴于单个物种能够进化,甚至一些物种还能共进化(如捕食者和被捕食者,见问题52和53),也许人们自然地就要问,由许多物种通过复杂的相互关系网络组成的生态系统是否也在进化?如果进化意味着随时间的推移而改变,那么生态系统当然在进化,这可能并不算很有趣。更有趣的是,这种进化是否会遵循一定的规律。毕竟,宇宙本身在进化,而且是以一种非常规范的方式在物理学基本规律的驱动下进行。那么,这些规律是否同样适用于环境及其中的动植物群落呢?

在某种层面上,这个问题的答案是肯定的(见问题53)。但是生态系统作为一个整体,其进化还是有其自身的规律的。倘若森林被火山、飓风、山火甚至冰川摧毁,生态系统会遵循一种十分有规律的模式进行扩张,这种模式实际上反映了植物和陆地生境的进化历史。一开始是初级演替阶段,藻类、地衣和真菌在环境中定居下来,帮助固定土壤(假如导致土壤大量流失的冰川灾害发生时,它们就尤为重要)。这些率先出现在生态系统中的物种被称为先锋物种。随着土壤质量的改善,就会出现草这类能够应对贫瘠土壤的物种,帮助固定土壤和抵抗风蚀作用,也会帮助土壤保持水分,这对下一阶段来说是一个关键步骤。这一阶段以具有种子或孢子的物种占主导地位,如果生境变得干燥,种子和孢子可以长期保持休眠状态,但同时也很容易散开,特别是在风中散开。此类物种通常可以从空气中获得氮并将氮固定于土壤中。这对下一阶段至关重要,因为氮对植物来说是一种有限的资源,大部分来自地面。随着这些物种的死亡和腐烂,土壤的厚度和丰富度也在变大。

第二阶段(次生演替阶段)常涉及灌木和乔木等植物的出

现，且按照明确的顺序出现。一年生植物由于能更好地应对恶劣和不确定的环境，通常率先出现。这些物种建立种群以后，灌木和松树、橡树、山核桃（所谓的“拓殖物种”）等小型乔木随后就开始建立种群。而这些植物一旦建立种群，又会逐渐被更茂密的高大树木取代。高大的树木通常会竞争阳光（而非土壤），因此这些树木的植株很高，且植株下方的地面植被通常很少。约150年后，森林的物种组成将会保持稳定达数千年，这样的森林被称为“顶极栖息地”。当然，物种组成不会一直和初始的森林完全一样，因为这有赖于进化历史中的一些偶然事件，比如哪些物种出现在潜在栖息地，或者其中哪些物种被鸟类和食草动物等携带到森林中。

某个特定地方的顶极群落的确切组成，最终取决于其所在环境的土壤和气候条件。干燥的栖息地可能永远不会变为荆棘丛生的林地，或者，如果更干燥的话，只能是草地。如果某一栖息地的地质结构发生了永久性改变，即便原本是茂密森林的栖息地也不可能恢复原状，例如新石器时代人类密集定居在地中海地区，许多栖息地似乎就发生了这种变化（见问题48）。不过，栖息地中物种出现的顺序总体上是比较稳定的。这种顺序的稳定性也提示我们，是不同物种的竞争优势（它们的适应性）决定了哪个物种在什么时候到达栖息地及在不同阶段成功定植的可能性。

动物也可能以特定的顺序来到栖息地定居。早先的定居者通常是昆虫，然后可能是鸟类——如果当地条件恶劣，这些物种可能在更大的范围内来来往往。接着定居的是食虫动物（如田鼠）或啮齿动物（如小鼠）、两栖动物、爬行动物（如蛇）这样的穴居物种。只有当生态系统充分发展后，大型食草动物才能到其中生存，也只有食草动物在其中建立种群后，以它们为食的大型捕食者才会回归。

55. 人类破坏“自然平衡”的后果严重吗?

如果环境不发生剧烈变化，生态系统在历经数千年的进化后，将最终达到一个相当稳定的状态——“自然平衡”。然而，由于涉及非常多的组成部分（例如物种），生态系统通常处于一种微妙的平衡状态。食物链中的某一环节被破坏，都可能通过系统向下传递，这就是所谓的营养级联。我们人类经常以当时看起来似乎非常合理的理由对生态系统进行干预，但由于对当地生态系统复杂性了解甚少，这样的干预可能会造成意想不到的严重后果，而且可能难以挽回。

这方面最著名的例子可能就是向澳大利亚引入穴兔。起初,人们将穴兔引入澳大利亚,只是为了让来自欧洲的毛茸茸朋友在他们的花园里生活。在当时,这毫无疑问是一件无恶意的事情。实际上,让穴兔在当地建立种群比想象的要困难很多。人们经过10多次尝试后才最终成功地让穴兔建立了种群。然而,穴兔种群真的建立起来之后,很快就出现了种群暴发,而且作为食草动物,这些穴兔对脆弱的内陆草原造成了可怕的影响。事实证明,这些穴兔不可能被清除。另一个臭名昭著的例子就是农业杀虫剂滴滴涕的使用了(见问题40)。

最近的一个例子是在菲律宾、印度尼西亚、新几内亚岛、夏威夷岛和关岛引入两种真涡虫(扁形动物),以控制之前被引进到这些群岛国家和岛屿并正在取代本地蜗牛的非洲大蜗牛的种群。最初的效果非常好,似乎可以作为生物害虫防治的典型案例。然而这些真涡虫在吃光非洲大蜗牛后,转而开始攻击本地蜗牛。可见,这只是以一种不同的方式再现了原来的问题,而且更难以解决。

将顶级捕食者从生态系统中移除常常会导致意想不到的问题。历史上的一个例子是阿拉斯加的阿留申群岛上的海獭。当19世纪的毛皮交易摧毁了海獭种群后,海獭的主要捕食对象海胆出现了种群暴发,并在岛屿周围的水域大量觅食海藻。结果,将海藻作为避难所和食物来源的鱼类数量随之减少。相应地，以这些鱼类为食的白头海雕被迫改变了捕食习性，影响到了其他猎物。同样的情况，当美国黄石国家公园消除了狼之后，马鹿的数量开始增加，然后马鹿啃食和践踏了更多的白杨树苗，结果白杨变得不那么常见了。

类似的例子每10年就会成倍增加。在很大程度上，这是因为我们对生境中不同生物间的关系的理解极差。另外，也是认知的局限性使得我们在思考问题时很难跳出简单的因果关系。此外，有些影响的后果需要很长时间才会显现，所以当我们发现问题时为时已晚。以19世纪末和20世纪初在南大洋

白杨

过度捕捞须鲸为例(见问题 53),其全部影响在半个世纪后才变得明朗。我们一开始干预生态系统时似乎一切发展良好,但这并不意味着以后不会出现问题。从中得到的教训是,我们干扰这些精细的进化过程,后果是危险的。

56. 有性生殖为何进化?

在许多方面,有性生殖是进化复杂性的代表性例子,但它仍然是有机体生物学中了解最少的领域。最早的生命形式是原核生物——像细菌这样的单细胞生物,通过简单的分裂进行生殖。有些原核生物以配对的方式交换遗传物质(此过程称为接合)。与有性生殖不同,接合过程中交换的配子几乎完全相同,且配子交换在任何情况下都可能是不完整的。相比之下,尽管有些物种(如蚜虫)可以在有性生殖和无性生殖之间转换,但几乎所有的真核生物都进行有性生殖。有性生殖可能是 10 亿年前才进化出来的。

有性生殖的一个问题是,在受精过程中平白无故地丢弃掉了一半基因。相比之下,无性生殖每次都能将全部的基因传递给每一个“后代”。此外,多细胞生物还有另外的缺陷,即更大的复杂性导致个体的发育速度更慢。更长的世代时间意味着多细胞生物无法迅速地对新的寄生虫和疾病做出反应。这就是已经困扰进化生物学家大半个世纪的“性的双重代价”。为什么进化出有性生殖是值得的呢？

一个理由是，有性生殖允许生物体应对更多的寄生虫。宿主和寄生虫之间的关系有些像红皇后效应——以刘易斯·卡罗尔(Lewis Carroll)所著《爱丽丝梦游仙境》的姐妹篇《爱丽丝镜中奇遇记》中的红皇后命名。就像红皇后必须不停奔跑才能站稳脚跟一样，生物也必须不断适应才能跟上寄生虫快速变异的速度。每个生物体的免疫系统只能接触到有限种类的寄生虫。因此，通过与另一个接触过不同寄生虫的生物体混合基因，机体将能应对更多种类的寄生虫。最近的一项实验证明了这一点。将线虫(其生殖方式能够在有性生殖和自体受精间实现遗传转化)暴露在一种快速进化的病原体寄生虫中，结果发现，自体受精的种群确实比有性生殖的种群更可能灭绝。

有性生殖偶然也可能出现新的有利基因型，从而带来全新的适应。另一种可能是隐藏有害基因(通过孟德尔的显性/隐性机制控制)，甚至完全清除有害基因(见问题 22)。减数分裂过程中，染色体一分为二，有害的突变等位基因与正常的等位基因分离，使正常等位基因得以参与生殖。这样，生物体只会丢失一半而不是全部基因。实际上，有性生殖就像一个天然的过滤器，可以将有害的突变基因清除。

一个耐人寻味的问题是，为什么生物只有两种性别呢？虽然原则上完全可能有多种不同类型的配子（因此可能有多种不同性别），但实际上没有一种植物、动物、真菌，甚至那些进行有性生殖的原生生物（如疟原虫）的配子有两种以上性别。偶有雌雄同体的情况（见问题 57），这似乎主要是由发育错误造成的，但自然情况下没有三种或三种以上性别共存。为了研究为什么会这样，进化生物学家不得不借助数学建模来进行探索。答案似乎是，具有两种以上性别的种群是不稳定的。

57. 两种性别是如何决定的？

有性生殖的一个普遍特征是，其中一种性别的个体产生的配子（通常是卵子）比另一性别的个体产生的配子（精子）更大，因此需要付出更大的生殖代价。通常情况下，这是因为卵子除了包含细胞核和染色体外，还有大量细胞质，而精子只有很少的细胞质，主要组成部分是细胞核。进化学对该现象并没有令人满意的解释，只能说这可能是“军备竞赛”的结果，其中一个性别的个体通过逐步减少生殖投入来“欺骗”另一性别的个体承担更多的生殖代价。然后，另一方就陷入了是增加投入以实现生殖或是根本不生殖这样的两难境地——这就是所谓的霍布森选择效应。

我们一般称产生卵子的一方为雌性,产生精子的一方为雄性,但这主要是因为哺乳动物中的情况是如此。哺乳动物两性区分主要体现在染色体上:雌性具有两个正常大小的 X 染色体,雄性有一个 X 染色体和一个小一点的 Y 染色体。人类 Y 染色体只有 5900 万个碱基对,70 个编码蛋白质的基因,而 X 染色体约有 1.55 亿个碱基对和 800 个基因。Y 染色体似乎曾和 X 染色体相似,具有与 X 染色体相当的大小,但在进化过程中,Y 染色体丢失了大部分遗传物质。

Y 染色体除了将胚胎的大脑在发育过程中转变为雄性模式外,似乎作用不大。所有哺乳动物的胚胎最初都是雌性模式的,但那些拥有 Y 染色体的胚胎会将其大脑转换为雄性模式,接着在青春期睾酮激增,然后使身体转为雄性形态。实际上,这种现象是由胚胎生长速度,而非完全由基因引发的(雄性胚胎生长得更快,即"争做雄性"现象)。由于存在一个发育"开关",而且依赖于环境条件(如母亲的饮食条件),所以一些胚胎未能完成转换,出生时为雌性。在人类中,这种情况发生的概率约为每 15000 名新生女婴中有 1 例。这些人长大后具有类似雌雄同体的体格,可以成为优秀的运动员,与染色体正常的女性相比也更具优势。在 1996 年亚特兰大夏季奥运会上,8 名女运动员被发现为染色体男性(XY)。1950 年,田径女子 200 米世界纪录保持者荷兰运动员福济·迪勒曼(Foekje Dillema)由于拒绝接受性别基因检测而被终身禁赛。后来的检测表明,虽然她的外形是女性,但在遗传学上是 XX/XY 嵌合体(她体细胞的染色体部分是 XX,部分是 XY)。这可能是由 XXY 基因型发展而来的。

在某些情况下,遗传意外可能导致人群中出现 XO 型个体(通常是因为一条 X 染色体缺失或破碎),这被称为特纳综合征。大约每 5000 名女性中就有 1 名患此病,其特征为身材矮小、蹼状颈、耳低位,常不育,易肥胖,而且有心脏和甲状腺缺陷。一些男性患者可能还有额外的 X 染色体(XXY,XXXY,或偶尔甚至是 XXXXY),这种情况被称为克兰费尔特综合征,其症状通常没有特异性,可能表现为身材不正常、协调性差、睾丸小和性冷淡等,而且 X 染色体越多的个体,这些症状就越严重。男婴中出现 XXY 型个体的概率为 1/1000,XXXY 型个体为 1/50000,XXXXY 型个体为 1/100000。目前,我们只知道这种综合征不是遗传性的,除此之外所知甚少。男婴中出现 XYY 型个体的概率也仅为 1/1000,除了身高高于平均水平和学习困难的风险增大外,大多数患者的其他方面是正常的。早期有说法称 XYY 型个体攻击性更强，但更大样本的调查的结果并不支持这一说法。同样，其病因似乎也是减数分裂期间 Y 染色体的意外复制。

20 世纪 30 年代，英国遗传学家罗纳德·费希尔(Ronald Fisher)指出，频率依赖选择将会导致育龄人群中的两性个体数量相等。因为如果某一性别的出现频率偶然增加，就会自然地使个体较少的性别变得珍贵，自然选择也会迅速产生有利于个体较少的性别的机制。然而，他也指出这一观点实际上适用于两性的生殖投入，而不是简单的两性数量。雄性通常是生殖投入更低的性别，例如人类中每 100 名女性会孕育 140 个男胎。部分原因是男性只有一条 X 染色体，将会经历更多的发育障碍，以至在他们出生的时候，每 100 名女性只对应 108 个男婴。男性在婴儿期易患呼吸道疾病和其他儿童疾病，在青少年期也面临着更高的疾病风险，因此死亡率也更高。当他们准备生育时，每 100 名女性对应近 100 名男性。

58. 所有生物都以同一方式决定性别吗？

在调整两个性别的过程中，进化似乎以牺牲我们为代价获得了一些乐趣。生物决定两个性别的方式甚至比人类的婚姻制度还多样。虽然哺乳动物都有一套XX/XY染色体系统，但一些鱼类和甲壳类动物、蝴蝶和蛾等动物，却有另一套系统：XX型个体产生精子，XY型个体产生卵子。鸟类由不同的染色体充当性染色体，其性别决定方式为ZW型性别决定。如同哺乳动物的X染色体那样，Z染色体的体积更大，携带的基因也更多。哺乳动物的XY染色体和鸟类的ZW染色体之间没有相同的基因，因此这两套性染色体似乎独立起源于不同的常染色体。然而情况可能更糟：新月鱼有上述两套性染色体，即具有W、X和Y染色体，但它们仍然只有两个性别表型，其中WX、WY或XX为雌性，而XY和YY为雄性。它们对此似乎满不在乎。

有些动物类群只有X染色体，雄性个体有一条X染色体(XO)，而雌性个体通常有两条X染色体。蜘蛛、蝎子、蜻蜓、衣鱼、蚱蜢、蟋蟀、蟑螂，还有一些线虫、甲壳类动物、软体动物，以及硬骨鱼中的几个科就采用了这套系统。在另一些类群(主要是蜜蜂、黄蜂、蚂蚁和蓟马)中，决定后代性别的是卵子受精与否。这些物种中，雄性个体发育自未受精的卵子，只有一套染色体，而雌性个体发育自受精卵，通常有两套染色体(这种性别决定方式称为单倍二倍性)。这就会导致一种奇怪的结果，即雄性没有父亲，也不能有儿子，但可以有祖父和孙子。这也意味着雌性与它们“姐妹”的关系比与自己后代的关系更亲密。

在一些动物类群中，性别是由环境决定的。在小丑鱼和濑鱼这两种热带鱼中，每个个体在出生和开始生活时都是雌性，一旦群体中唯一的雄性个体死亡时，占主导地位的雌性个体就会转变成一个功能完备的雄性个体，充当雄性角色。在大多数爬行动物和硬骨鱼中，后代的性别是由卵孵化时的巢穴温度决定的。对于海龟来说，巢穴温度低，龟卵更可能孵化成雄性，温度高则更可能孵化成雌性。鳄鱼和短吻鳄的情况则恰好与海龟相反。

不过，我个人最喜欢的是地中海绿叉螠。这种不起眼的核

蜻蜓只有X染色体

桃大小的生物最初是由其母体释放的微小叶状幼虫。它们在海中漂浮,直到发生两种情况。如果找到合适的基质,它们就会附着在上面并发育成一个个核桃大小的雌性;如果碰巧被雌鱼吞下,它们就变成雄性,并和其他雄性一起生活在雌性体内,从内部给雌性的卵子授精。另外一个可以告诉我们两种性别如何进化的例子是扁形虫(包括绦虫、肺吸虫和肝吸虫,以及导致血吸虫病的血吸虫等)。扁形虫雌雄同体,交配时会用一对匕首状"阴茎"进行长达1小时的"互攻"。"赢家"切开伴侣表皮并将精子注入其心血管系统。这将使"失败者"的卵子受精,迫使失败者成为"母亲"。这有多奇怪呢?

59. 为何要在繁殖和抚育之间进行权衡?

适合度(个体能够生存并将其基因传递给后代的能力,见问题25)不仅仅关乎生存时间或后代数量,其意义还在于,更长的生存时间可以繁殖更多后代,并把其中一部分抚育至成年,这样这些物种就可以接着繁殖了。生存与繁殖之间的权衡是物种需要做出的决策之一,而且这之后还必须考虑第二个权衡,即繁殖与亲代投资(通过投入时间和精力充分抚育后代,直到它们成年)之间的权衡。

繁殖和抚育之间的权衡是生物学中一个十分普遍的问题。单次生殖(一次性产生所有后代)和多次生殖(连续多次繁殖,每次产生少量后代)之间的对比最为强烈。前者有时候也被称为“大爆炸”策略,雌性通常一次性产大量的受精卵并将它们释放到环境(通常是水环境)中,让幼体自生自灭。

大多数情况下,亲代如将全部精力投入繁殖,就会很快死亡,鲑鱼就是一个典型例子。道理是,如果能生产远多于捕食者所能捕食的后代,只要有很小一部分后代能活到成年,情况就非常乐观:100 万颗受精卵中的很小一部分也会产生数量庞大的成年个体。多次生殖物种则采用相反的策略。它们选择每次只产生几个后代,这样就能够在每一个后代身上进行投资,以最大限度地增加它们成年的机会。采用这种策略的物种非常少,猴和猿(当然,还有人类)就是这样的物种:通常它们一次只产生一个后代,并且进行大量投资(通常要持续几年)。哪种策略更好完全取决于该物种处在什么样的环境中,其实并没有最佳策略。

将这两种策略区分开的关键是脑容量的大小。脑容量大的物种在行为上更具灵活性,这意味着它们不能预先编程做什么:它们需要通过学习和实践,让自己的行为适应不断变化的环境,这需要大量的时间和经验,并需要一个能学习的大脑。

因为大脑发育的速度恒定,脑容量越大,发育完全所需的时间越长,这就意味着在后代出生后很长一段时间内亲代还要继续抚育它们。所以,在极端情况下,像许多鸟类和哺乳动物那样,亲代不仅要喂养不断生长的后代,可能还需要指导后代学习如何寻找食物和应对复杂的社群生活。

在大多数物种中,对后代的投资将随着断奶而终结。在灵长类动物中,这种投资将持续到青春期,因为社群化的过程和经验对成年个体的行为表现至关重要(见问题 84)。对于人类来说,这一时期要延续到青春期之后,主要是因为人类直到 20 多岁大脑才发育稳定并获得完整的成人社会能力。人类甚至能将父母的投资延伸至下一代,因为部分投资可以通过文化传承(行为准则给我们提供了一条捷径,帮助我们应对所生活的世界,特别是社会世界的复杂性,见问题 91),另一部分投资可以通过资源和财富继承。

当亲代将投资主动偏向某些后代时,亲代投资(或亲代抚育)的决定就会变得更加复杂。如果一种性别的后代比另一种性别的后代更有价值,就会发生这种情况(在某些情况下雌性后代可能比雄性后代有更多的生殖机会,但在其他情况下也可能相反)。出生顺序也很重要,甚至可以归结为个别后代的个体素质。尽管自然选择揭示的动机是抚育每一个后代,但仍会出现对不同后代进行差异化亲代投资的行为。

60. 为什么遗传与环境之争一直困扰着我们?

遗传与环境之争过去是(现在仍是)一个相当有意思的争论,但同时也作为一个例子说明了生物学问题是多么容易混淆。自从遗传机制被发现以来,关于生物体的生物学特征和心理学表现在多大程度上取决于遗传,又在多大程度上取决于环境或学习的影响,人们对此始终抱有浓厚的兴趣。我们一直都知道儿童在生理和行为上都与其父母相似。事实上,正是因为如此,18 世纪末农业革命时期细致的育种试验才使得农作物和家畜的产量得到了大幅度提升。

该争论在 20 世纪 30 年代因比较心理学家(主要在美国)和新行为主义心理学家(主要在欧洲)间的冲突而达到了白热化的程度。心理学家,尤其是行为主义学派奠基人如约翰·B. 沃森(John B. Watson)和 B. F. 斯金纳(B. F. Skinner),以及一些对人类文化感兴趣的社会学家如弗朗茨·博厄斯(Franz Boas),认为动物(或人类)的一切行为都是后天习得的;而另一些人,如行为学家康拉德·洛伦兹(Konrad Lorenz)和尼科·廷伯根(Niko Tinbergen),则认为至少某些行为是先天获得的

(暗示是由基因决定的)。这场争论持续了很长时间,直到现在也丝毫没有结束的迹象。

然而,到了20世纪60年代,生物学家得出结论,几乎没有任何东西是单纯遗传而来或是从环境经验(或学习)中获得的。当然,一些性状(如眼睛颜色、色盲和某些发育障碍,如唐氏综合征和特纳综合征)具有简单的遗传基础,但其他特性(如宗教信仰)似乎完全依赖文化传承。然而,大多数的生理和心理性状,如身高和智力,都表现出遗传和环境的双重影响,抚育环境本身就会影响基因自身的表达。或许你有长得高的基因,但营养不良的生长环境就会阻碍你的成长。在某种程度上,这是因为某一性状通常会涉及数百个不同的基因,每个基因都有自己的累积效应(一个数量遗传学话题)。某个性状是基因决定作用大还是后天学习决定作用大,这本就是一个毫无意义的问题,因为在发育过程中不可能将两者完全区分开来。

人们之所以会争论这个问题,可能是由于对遗传学术语"遗传力"的误解,该术语被用来衡量某一性状中由遗传而非当地环境条件引起的变异比例,但经常被误解为某一性状由遗传决定的比例。事实上,它仅指种群中所观察到的个体间性状差异,而不是该性状的决定因素。然而矛盾的是,当所有个体都能平等地获得环境资源和社会经验时,遗传力不是0%而是

100%，因为基因将是造成变异的唯一因素。

这场争论的根源，似乎源于一些心理学家和社会学家含蓄而又善意的担心，即如果人类的智力或行为受遗传因素影响，不管这种影响有多小，那么任何改善人类生存状态的希望都将化作泡影。这不禁让人想起后来众所周知的李森科事件。在20世纪30年代和40年代，名不见经传的苏联生物学家特罗菲姆·李森科(Trofim Lysenko)提倡获得性状遗传理论(见问题3)，认为通过施加选择压力，可以将低质黑麦转化成优质小麦和大麦。李森科还提出可以通过将亲缘关系较近的植物种植在一起来提高粮食产量。其结果是，当苏联的集体农场在20世纪50年代至60年代被迫实践李森科的理论时，有大量农民死于饥饿。此前，在20世纪20年代，苏联在遗传学方面领先西方国家几十年，但那些知识成果后来被边缘化了。

在关于人类行为的讨论中，关于遗传与环境的争论一直悬而未决，这可能说明我们难以应对复杂的生物学过程，而且科学容易受其他因素的影响，脱离原本的研究轨道。

7 人类的进化

61. 谁是我们人类最早的祖先?

人类这个谱系可以说诞生于距今600万～700万年前的中新世晚期,由非洲猿类的一个分支——南方古猿进化而来。在这一节点发生了两大重要事件。其一是生活在非洲的中新世猿类中至少有一部分“决定”由树上来到地面以追求更多的陆地生活。这些猿类的后代,如黑猩猩和大猩猩,至今仍和我们人类一样拥有这一特征。这一演变并不意味着它们不能或不会爬树了,它们只是比它们的祖先更加适应陆地生活。这可能是它们与猴争夺热带森林中日益减少的食物的结果,也是一种有关食性改变的进化,使它们得以采食森林地面的腐烂水果(见问题20)。

其二是,这些更适应陆地生活的猿类形成了一个开始用双足行走的谱系,使得它们可以在森林边缘以外的河漫滩上寻找丰富的地面食物资源。然而,南方古猿除了名字之外,与其他非洲猿类的唯一区别就是双足行走。它们的脑容量并不比现生黑猩猩的大,而且和其他猿类一样是素食者——毫无疑问,它们也会像现生黑猩猩一样,偶尔捕杀猴或羚羊。在距今200万～600万年前,南方古猿是一个极其成功的类群,有10多个物种占据了非洲东部和南部海拔1000米以上的生境。

自20世纪20年代在非洲南部发现第一块南方古猿化石以来，南方古猿为何会采取双足行走的姿势一直是一个争论不休的问题。南方古猿当然不能和我们人类一样可以熟练地双足行走，但它们能够持续地进行双足运动，这是现存的两种非洲类人猿(黑猩猩、大猩猩)都无法做到的。南方古猿变成双足行走动物的最有说服力的原因似乎是调节体温。森林在夜间为南方古猿提供庇护所，河漫滩则在白天为它们提供丰富的资源，当它们在森林与河漫滩之间的开阔林地穿行时，它们面临着来自太阳的大量辐射热。最近一些双足行走优于四足行走的模型表明，双足行走动物接收的太阳辐射比四足行走动物少12%左右，主要是因为双足行走动物只有头顶和肩膀暴露在阳光下，而不是整个背部也暴露在阳光下。即便如此，在这一阶段，双足行走动物仍被局限在高海拔地区，并且可能因为沿海地区过于炎热而止步(就像现生黑猩猩和大猩猩不得不留在高海拔地区一样)。这似乎是它们从未逃离非洲的原因：无法应对海边的高温，因而无法到达通往欧洲和亚洲的大陆桥。

矛盾的是，大约在250万年前，地球气候变冷，这似乎给南方古猿带来了一个生存问题：大多数栖息地变得寒冷，它们可能难以应对。此后不久，南方古猿多个谱系中的一个谱系就消失了，取而代之的是大约在这个时候从南方古猿进化出来的一个新属——人属(*Homo*，就是我们人类所在的属)。这一谱系的骨骼更适合双足行走，更适应游走生活，每天都可以行走相当长的距离。他们的脑容量也明显更大，并开始利用石头制造简单的工具。

正是在这个时候，早期人类似乎失去了浓密的体毛，并获得了排汗能力，通过蒸发汗液、降低体表温度来促进散热。这使早期人类得以移居到地势较低的沿海地区，从而第一次离开了非洲。在数万年的时间里，他们占据了南欧和亚洲的大部分地区。也许是因为他们移动能力更强，并且能够在不同种群之间保持更大的基因流(见问题43)，所以他们并没有像南方古猿那样出现大量的物种分化，而是只产生了两个物种：匠人(*Homo ergaster*，也称东非直立人)和直立人(*Homo erectus*)。

这些早期的人属物种进化得非常成功，在亚洲存活了大约150万年，在非洲存活了近200万年，而且几乎没有发生变化。然而，大约距今50万年前，非洲的早期人类中产生了一些新的谱系。在非洲的不同地方似乎再次形成了大量新物种，他们比其祖先拥有更大的脑容量和更强健的身体。这些物种中发展出了三个非常成功的谱系：生活在亚洲、非洲、欧洲的海德堡人，生活在欧洲、近东和中亚地区的尼安德特人，以及生活在远东地区的丹尼索瓦人。这三个谱系合起来叫古人类,在长达50万年的时间里占据了欧洲、亚洲和非洲大部分地区。与其祖先相比,他们制造出了更复杂的工具。

62. 谁是尼安德特人?

大约40万年前,在欧洲南部,一个独特的新人类群体逐渐从古人类中进化出来,取代了非洲和欧洲的早期人类。他们身材魁梧,脑容量大,头骨细长,在头骨背部末端形成一个独特的发髻样隆凸。他们就是尼安德特人,是根据1856年首次在德国发现化石的地点来命名的。尼安德特人被证明是非常成功的类群,他们面对连续的冰期造成的非常恶劣的气候条件,仍在过去35万年前的大部分时间里,占领了南欧和近东地区。只是到了末次冰盛期,尼安德特人才开始走向灭绝。

尼安德特人身材魁梧,手臂和腿都很短(至少和我们现代人相比是这样),胸部呈桶状。正如生活在高纬度地区的人一样,尼安德特人也具有浅色肤色(见问题68),且其中一些人至少具有红发基因。他们魁梧的身材与他们居住在寒冷地区有关:紧凑的体型和短小的四肢可以减少热量损失。这种现象被称为贝格曼法则,在高纬度地区的哺乳动物和因纽特人中很常见。

然而，他们的体格赋予了他们强大的力量——你肯定不想和他们中的任何一个人比赛摔跤。或许正因如此，他们主要的狩猎方式是把大型猎物围在中间，用重型长矛近距离猛刺猎物。从尼安德特人骨折的频率可以清楚地看出这是一项危险的活动。他们的饮食以肉食为主，主要来自猎杀的犀牛和猛犸象等体型庞大的食草动物。

尼安德特人对肉类的依赖已经被基础物理学和化学在考古学中的许多巧妙应用所证明。你的饮食为你的骨骼构造提供了原材料，因此饮食的一些特征之后会在你身体里固定下来。氮是饮食的一个特别重要的特征，因为它是组成氨基酸和蛋白质的核心成分之一。像其他许多元素一样，氮有两种中子数略有不同的同位素，其中一种比另一种更常见。植物从空气或土壤中获取氮，然后转移给以其为食的食草动物，食草动物又将氮沿食物链向上转移给以其为食的食肉动物（见问题53）。在这一过程中，质量较大的同位素比质量较小的同位素更容易存留，因此在连续的营养级上，质量较大的同位素会不成比例地积累，使我们能够确定某一个物种属于哪个营养级。对大约4万年前的西欧尼安德特人进行氮同位素分析，结果显示他们的饮食中80%是肉类，只有20%是植物。这与我们对狼(与尼安德特人同一时期的顶级捕食者)的分析结果相似,远高于现代狩猎采集者饮食中大约50%的肉食比例。

尽管尼安德特人从未真正渴望像现代人一样在10万年前就开始制作各种复杂的工艺品,但是与他们的祖先相比,他们制作出了更复杂的工具。即使他们的狩猎方式是一群人合作狩猎,但他们的人口密度相对较低。就像几乎所有的古代人类一样,他们实行一夫多妻制,女性可以在不同的社会群体之间流动(或被流动)——正如对古代人类群体的遗传学分析所揭示的那样。

63. 为什么尼安德特人的眼睛那么大?

尼安德特人最突出的特征是后脑勺上的"圆发髻"隆凸。令人惊讶的是,没有人问为什么他们有这种不寻常的特征。事实上,这个"圆发髻"与尼安德特人的另一个特征有关——他们异常大的眼窝。尽管他们的大眼睛在过去偶尔会引起人们的讨论,但同样,人们从未做出过任何解释。这两个特征似乎都被认为是理所当然的:尼安德特人就是这样的。

然而,尼安德特人的大眼睛和"圆发髻"被证明是相互关联的。这种解释与尼安德特人的另一个特征直接相关——他们生活在北回归线(目前位于北纬23°26′)以北的高纬度地区。在热带以外地区生活面临的问题是,白天通常很阴暗(因为阳光以特定的角度射入,必须穿过更多的大气层,而且正如北方人非常清楚的那样,北方的天空通常有更多的云层覆盖)。此外,随着与赤道的距离加大,白昼的长度越来越具有季节性,冬夜漫长而黑暗。这些因素让视觉变得更加重要,生活在这些纬度地区的物种往往拥有高于动物平均水平的视觉。

在这些情况下,只有一种方法可以改善视力,那就是增加视网膜(眼睛后部的感光层)的面积(见问题12),以便接收更多的光线。然而,这意味着整个眼球会变得更大,也意味着处理接收到的光信号的神经系统(包括连接眼球后部到大脑的神经元,以及大脑中分析和处理这些信号的区域)也必须成比例地增大,因为如果拥有一个有效的光接收机制而没有足够的计算能力去处理额外的信号,是没有意义的。因此,尼安德特人不仅需要更大的眼睛,也需要更大的脑容量。由于处理这些信号的主要视觉区域位于大脑后部,所以我们看到的是尼安德特人后脑勺的"圆发髻"。

事实上,我们甚至也可以在现代人中见到这种现象:生活在高纬度地区的人与热带地区的人相比,眼球更大(尽管远不及尼安德特人的眼球大)，因此脑容量也更大。(我们没有尼安德特人那样的“圆发髻”脑勺，因为现代人还没有进化出像尼安德特人那样庞大的视觉系统。)虽然现代人脑容量的这种纬度差异已经为人所知很长时间了，但它的意义仍总是被误解。这与热带和高纬度地区人群的智力无关，因为智力与额叶有关，而不同纬度的人群之间的额叶大小并无差异。脑容量的纬度差异只是和视觉敏锐度有关。事实上，在现代人中，眼球(以及脑容量)的大小与人们生活的环境的光照水平密切相关。它唯一的意义是，热带地区的人到高纬度地区时在阴天无法像高纬度地区的人看得那么清晰，而高纬度地区的人到热带时眼球会被灼伤(这就是他们在热带地区更可能选择戴太阳镜的原因)。

现代人只在欧洲生活了大约 4 万年——只有尼安德特人在欧洲生活时间的 1/10。非常了不起的是，在如此短的时间内，我们就能捕捉到如此清晰的适应信号。这反映了当环境要求足够高时，选择能够加快进化的速度(见问题 16)。这也提醒我们，环境对进化的许多影响是由气候驱动的(见问题 17)。

尽管偶尔有人认为尼安德特人的脑容量比现代人的大，但实际上他们脑容量的平均大小与现代人的大致相同，甚至可能更小一点。一个后果是，他们将如此大的脑容量用于视觉处理，其前脑的神经物质就会减少，而现代人大多数敏捷的思维活动是在前脑完成的。这可能就是为什么他们的前额比现代人的更倾斜，而现代人的高圆额头构造可以容纳更大的前脑。这或许可以解释为什么尼安德特人拥有和现代人一样大的脑容量，但尼安德特人制作的石器却远没有达到和取代他们的解剖学上的现代人一样的水平（尽管越来越多的人认为尼安德特人从各种意义上讲已经是现代人了）。当然，这并不是说尼安德特人很愚蠢。事实远非如此。如果尼安德特人不够聪明，不能找到应对冰期的严酷环境的方法，他们不可能在欧洲生存近40万年。

然而，这确实意味着，尽管尼安德特人比他们的祖先聪明得多，但并不如解剖学上的现代人聪明。现代人大约15万年前在非洲出现，并于4万年前抵达尼安德特人在欧洲的中心地带。这些来自非洲的人类皮肤更黝黑（而且很可能是卷发，见问题68），使用着像针和纽扣这样精密的小工具，像弓和箭这样新型的武器，还有像标枪一样的长矛，并配备能极大提高投掷距离与精度的投矛器。尼安德特人大脑中较小的额叶也意味着他们的社交能力较差，无法像现代人一样维持那么大的群体（见问题64）。这会对尼安德特人的生存能力产生各种各样的直接影响。

64. 为什么尼安德特人灭绝了?

在过去 40 万年的大部分时间里,尼安德特人一直占据着欧洲南部,最远到达西伯利亚的西部边缘。最后一批尼安德特人大概 4 万年前在西班牙灭绝了——在现代人从俄罗斯大草原进入欧洲后不久。人们曾认为尼安德特人在西班牙存活到了 28000 年前,因此与现代人在欧洲共同生活了大约 15000 年之久,但近期对尼安德特人已知的最后栖息地的时间修正表明,尼安德特人灭绝的时间比原来认为的更早。事实上,当现代人从俄罗斯大草原来到欧洲的时候,尼安德特人可能已经非常稀少了,以至于现代人实际上进入了一个没有竞争对手的地方。毕竟,在超过 10 万年的时间里,黎凡特(Levant)地区的尼安德特人阻断了现代人得以离开非洲的唯一大陆桥,迫使现代人从通行难度更大的位于阿拉伯半岛底端的曼德海峡离开。因此,如果当时欧洲聚集着强壮的尼安德特人,现代人似乎不太可能如此轻易地侵入欧洲。

一个多世纪以来,尼安德特人灭绝的原因一直是激烈争论的主题。人们提出了许多解释:被现代人消灭、对现代人带来的疾病缺乏免疫力而灭绝、无法像现代人一样应对末次冰盛期日益恶化的气候、种群数量太小使得本土尼安德特人灭绝时无法自我替代、通过杂交被现代人同化，以及被火山灾害摧毁等。这些原因至少在某种程度上可能是真的——虽然我们仍需要了解是否其中一个原因比其他原因更重要。尽管如此，还是有人提出了一个问题：为什么现代人能够在尼安德特人灭绝的土地上生存下来？

考虑到尼安德特人的身体比现代人强壮得多，尼安德特人直接被现代人灭绝似乎不太可能。但是尼安德特人在现代人到来后的几千年里就灭绝了，这肯定不是偶然事件。在16世纪和17世纪，美国印第安人由于缺乏对欧洲人所带来疾病的免疫力而出现了人口减少，这为尼安德特人的灭绝提供了线索。相似的历史案例表明，这里或那里出现的少量活跃的灭绝事件，以及毫无疑问的，偶尔出现的掳掠女人的现象，可能助推了尼安德特人的灭绝(见问题65)。

如果新的疾病导致人口进一步减少，即使没有与现代人的竞争，尼安德特人也会变成孤立的小种群。这种种群片段化对任何物种的生存都是一个重大的直接威胁，因为种群缺乏从其他种群统计学威胁中恢复过来的恢复力(见问题45)。任何来自现代人的微小的额外生态压力、常规猎物数量任何的轻微减少、气候的任何恶化，以及具有生育能力的女性的数量减少，其中任意一个因素都可能使尼安德特人陷入困境。如果他们的种群不那么小、不那么孤立，他们可能很容易就活了下来。

尼安德特人人口数量比现代人少的一个标志，来自他们脑容量的大小。“社会脑假说”（见问题 85）确定了社会群体规模与额叶容积（尤其是这一点）在灵长类动物（包括现代人）中的相关性。由于尼安德特人的大脑中较多的空间被枕叶（视觉处理）占据，而较少的空间被额叶（智力和社会认知）占据，他们较小的额叶只能维持大约 120 个个体的社会群体，而现代人的群体规模可以达到 150 个个体。在任何可能发生的冲突中，现代人都有能力动员更多的战斗人员。这也意味着尼安德特人与现代人用明显不同的文化方式来维持社会群体（见问题 87），相应的群体规模也就有了显著差异。

服饰可能在尼安德特人和现代人应对日益恶化的环境时发挥了重要作用。避免热量损失是在寒冷气候中生存的关键，而使用缝合、扣紧的服饰与简单的披风的差异（这些差异可能反映了他们的技术想象力的差异）可能导致了现代人和尼安德特人之间的全部差异。冬季服饰的保温性能差异可能解释了为什么现代人在冰期能够生活在尼安德特人栖息地的更北方，而不管这两个物种是如何被前进和后退的冰锋向南和向北推的。这可能是一个物种能生存而另一个物种灭亡的关键因素。

考古学证据表明,在现代人生活的欧洲遗址,服饰上的纽扣和珠饰的时间可以追溯到 35000 年以前(这比非洲的要早)。这表明,在尼安德特人消失之前,现代人肯定已经拥有了制作精良服饰所需的针和锥子。尽管尼安德特人的工具在灭绝前的最后阶段已变得有些复杂,但没有证据表明尼安德特人曾经拥有过针和锥子这类工具。

两种寄生在现代人身上的虱子(体虱和头虱,顺便说一下,它们并不能杂交,因为它们生活在人体的不同部位)的遗传特征为这个问题提供了一些意想不到的启示。两种虱子的遗传特征表明它们大约在 10 万年前起源于同一个物种。虱子只能在封闭的环境(通常由皮毛提供)中生存。200 万年前,早期人类失去了体毛(见问题 61),没有毛发的身体对虱子来说犹如一片荒漠,而有毛发的头部是虱子唯一的避难所。然而,一旦人类发明了贴身的服饰,一个新的栖息地就神奇地出现,并允许头部的一些虱子迁移到这个新的栖息地。一旦到达新的栖息地,这些虱子就不可避免地发生了进化,成了一个独立的物种。根据体虱和头虱分化的时间,可以估算出人类发明服饰的大致时间。

65. 我们真的都拥有尼安德特人的基因吗?

尼安德特人有一段复杂的历史,不同的观点在它们是我们的直接祖先还是已经灭绝的旁支之间摇摆不定。过去10多年的分子遗传学研究表明,尼安德特人并不是我们的直系祖先。然而,现代欧洲人有1%~4%的基因来自尼安德特人,推测跟通婚(或者更有可能的是,考虑到历史上的人类行为,尼安德特女性可能被现代人掳走了)有关。非洲的所有遗传谱系中都没有尼安德特人的基因,因为尼安德特人没有在非洲生活过。任何与现代人的杂交,都发生在现代人离开非洲之后。

欧洲人从尼安德特人那里继承的基因主要影响较浅的发色和肤色、晒黑和晒伤的倾向等性状,以及夜猫子行为、对尼古丁的偏好等特征(这并不能证明尼安德特人或现代人在4万年前就吸烟,因为烟草原产于美洲,而人类直到15000年前才到达那里)。也有证据表明尼安德特人的基因会影响到白天打盹、孤独和情绪低落等特征。由于肤色与纬度有关(较浅的肤色使皮肤在阳光照射下产生维生素D,这对在高纬度地区生存至关重要,见问题68),尼安德特人在欧洲生活了几十万年,肤色较浅。相比之下，新来的现代人有着典型的非洲人的深色皮肤。获得尼安德特人的浅肤色基因将大大加快现代人对高纬度环境的适应(见问题 68)。

更令人惊讶的或许是，人们后来发现东亚人和来自新几内亚岛及其附近岛屿的现代美拉尼西亚人，以及来自菲律宾的内格里托人，有 4%～8%的基因来自丹尼索瓦人。丹尼索瓦人为人所知是因为在西伯利亚中部阿尔泰山脉的一个洞穴里发现的几颗牙齿，这些牙齿代表了生活在大约 4 万年前的 4 个不同个体。丹尼索瓦人似乎是欧洲古老的海德堡人的早期分支，只不过向东迁移得更远。大约在 7 万年前，迁入南亚的现代人在东南亚遇到了丹尼索瓦人，并与他们进行交配。事实上，遗传学证据表明，这可能至少涉及两次独立的基因交换浪潮。

66. 为什么整个人类谱系中只有一个物种存活了下来？

因为我们目前是我们这一支中唯一存活着的物种，所以我们倾向于假设历史一直都是如此，在一系列短暂的物种形成事件中，一个物种会被其后代所取代(见问题 43)。事实上，自尼安德特人消失后的 4 万年是非同寻常的，因为整个人类谱系中只有一个物种存活了下来。与我们亲缘关系最近的黑猩猩和我们之间的差异由于没有任何中间物种而被过分夸大了。

在 200 万～400 万年前，南方古猿支系处于鼎盛时期时，同时生活着多达 4 个物种。在 180 万～240 万年前，也就是智人第一次进化的时候，有几个时期人类谱系同时生活着多达 6 个物种。在某些情况下，早期智人与晚期南方古猿同域共存。在接下来的 100 万年里，人类谱系减少到只有 2 个物种。但是，从大约 50 万年前开始，非洲和欧亚大陆的不同地区生活着多达 6 种古人类。后来，从大约 5 万年前开始，人类谱系迅速减少到 2 个物种，最后就只剩现代人这个物种了。

在作为一个独立物种存在的最初 10 万年里，现代人被限制在非洲，最有可能的原因是近东的尼安德特人"封锁"了现代人离开非洲的唯一道路。然而，大约 7 万年前，少数现代人个体能够到达南亚(可能是使用船只穿越至尼安德特人势力范围外的红海南端的曼德海峡)。从那里开始，在接下来的 2 万年里，现代人通过沿海跳跃策略(可能是通过乘船)以极快的速度从南亚扩散到澳大利亚。大约 4 万年前，现代人从南亚穿越现今的俄罗斯来到欧洲，在与尼安德特人短暂共存之后，迅速取代了这个更古老的物种，成为地球上唯一的人类物种。

毫无疑问，尽管末次冰期造成的恶劣气候给当时所有人类物种带来了巨大的生存压力，但为什么现代人最终会成为人类谱系中唯一的现生种仍是一个未解之谜。在大约6万年前的末次冰盛期,生活在中国南方的最后一个直立人种和生活在印度尼西亚佛罗里斯岛的佛罗里斯人(身高1米)都灭绝了(这两个物种的灭绝时间都疑似与现代人从非洲来到欧洲的时间接近)。尽管这两个物种都使用洞穴作为避难所,并且从大约40万年前就开始使用火种,但是尼安德特人似乎不能像解剖学上的现代人那样应对寒冷的气候(见问题64)。

然而,有一点是明确的,现代人的诞生是精妙平衡的结果,其实现代人也容易和其他所有的古人类物种一样走向灭绝。这一点可以从现代人诞生过程中经历的戏剧性的种群瓶颈的遗传学证据看出来:对当前人类基因分布的统计分析得出,当前人类的所有个体都是15万年前一个仅有5000个可生育女性的种群所繁衍的后代。从很多方面来说,我们中任何人的存在都是一个奇迹。

封存在现生人类基因中的历史告诉我们,在非洲存在的4个主要线粒体DNA支系之一(起源于非洲东部的一个谱系分化出了欧洲人、亚洲人和美洲土著,以及后来向非洲西部和南部扩张的班图人)在大约7万年前离开非洲,移居到世界上其他可居住的地方,并在大约1万年前经历了人口规模的急剧扩张。这一支系现在占撒哈拉以南非洲人口的一半,也占了世界上其他地区所有土著居民人口的一半。其他 3 个线粒体 DNA 支系仍然存在于非洲,可能在很久以后,如果真的会发生的话,才显示出真正的人口规模扩张。

67. 关于现代人的近期进化历史，分子遗传学能告诉我们什么?

尽管似乎很令人惊讶,但分子遗传学可以告诉我们很多关于现代人的近期进化历史的事。我们已经看到，遗传学上现代人是一个相对年轻的物种,且起源于一个非常小的种群(见问题 66)。因此,与大多数物种相比,现代人的遗传变异相对较少。现代人只是没有足够的时间来产生多样性。还有一个发现是,所有现代的欧洲人(白种人)、大洋洲土著、亚洲人和美洲土著之间的关系比他们与非洲人的关系更近。非洲人的基因变异比其他现代人多得多。除非洲人之外的现代人有一个存在于 7 万年前的共同祖先,可能来自非洲的东北角,而所有非洲人的共同祖先诞生于 15 万年前。

遗传学分析告诉我们,因纽特人和美洲印第安人代表了欧亚人的一个子集,他们在 16000 年前跨越了东西伯利亚和阿拉斯加之间的白令海峡,当时海平面比现在低很多,两大洲之间有一座大陆桥。事实上，语言学证据表明曾经有过三次主要的语言分化浪潮，产生了三个主要的相关语言群体：第一次语言浪潮逐渐扩散到当今的美国，并最终扩散到南美洲，形成了庞大而分散的美洲印第安诸语言；第二次浪潮产生了纳-德内语系，使用者包括来自加拿大南部的克罗部落和其他部落的人群，以及美国西南部的阿帕奇人和纳瓦霍人；第三次浪潮波及最晚到达的因纽特人，他们被限制在加拿大的北部地区和格陵兰岛（他们大约2000年前才到达那里）。

分子遗传学也能告诉我们许多关于现代人的近期进化历史的令人惊讶的事情。对世界各地男性Y染色体（仅通过父系遗传）的分析表明，现生男性中有0.5%是13世纪蒙古族领袖成吉思汗及其兄弟的直系后裔，在亚洲和东欧等原蒙古帝国的领土范围内，这一比例接近7%。

同样地，对现生冰岛男性Y染色体的分析揭示了他们的挪威血统，但是85%的冰岛女性的线粒体DNA（仅通过母系遗传）有凯尔特血统。显然，当挪威人在9世纪和10世纪来到冰岛定居时，女性并不热心于陪伴自己的丈夫，因此男性只好与来自爱尔兰和苏格兰的女性结合。事实上，冰岛的长篇故事（大部分是写于12世纪的家族史）反复提到“爱尔兰”女性奴隶——虽然这也可能只意味着挪威人在都柏林获得了这些奴隶。都柏林是维京人的国家首都，也是维京人袭击英国大陆时俘获凯尔特人和撒克逊人后进行贩卖的主要奴隶市场。

另一个例子是对从东英格兰向西到威尔士这一横贯英格兰南部的区域内现存 Y 染色体和线粒体 DNA 的比较分析。虽然女性线粒体 DNA 的分析结果表明她们的血统以凯尔特血统为主，但男性 Y 染色体的分析结果却揭示了一个渐变的趋势，在东部(公元 5 世纪，盎格鲁-撒克逊人入侵)主要以撒克逊血统为主，在西部(盎格鲁-撒克逊人没有入侵)主要以凯尔特血统为主。换句话说，当盎格鲁-撒克逊人在英格兰南部缓慢扩散时，他们“除掉”了凯尔特男性，“偷走”了凯尔特女性。

另一个历史案例来自腓尼基人。这个闪米特语族文明存在于公元前 1500 年至公元前 300 年的现代黎巴嫩，并创建了地中海最大的贸易帝国之一。他们在地中海沿岸的港口，从土耳其到西班牙，建立了诸多殖民地。遗传学研究表明，在地中海沿岸的许多重要贸易港口可以识别出在黎巴嫩(腓尼基人的故乡)普遍存在的 Y 染色体遗传特征，从史料中可知这些港口与腓尼基人有关。

68. 种族差异是否具有适应性？

在生物学中，“种族”一词的使用相当宽泛。在 19 世纪，它可以指一个物种或一个物种的某个分支。现在，它往往被用来指某个物种或亚种的当地种群，这些种群具有足够的解剖学或遗传学特征差异，标志着它们与众不同。一些解剖学特征能让物种很快地适应当地的环境条件或通过性选择。在其他情况下，如果生活在一个物种地理分布区两端的两个种群被隔离足够长的时间，遗传漂变可能会导致两个种群之间出现明显的差异。“种族”在人类中通常指主要大陆的人群（非洲人、欧洲人、亚洲人等），严格来说，这是不正确的。

非洲人不是一个单一的种族，而是包含了许多不同的种族：他们由 4 个主要的线粒体 DNA 支系（或单倍群）组成，起源于非洲的不同地区，其中一个支系包括了非洲以外的所有人。如果你真的愿意，你可以建立一个生物学上貌似合理的案例，来证明人类有 4 个种族（4 个非洲 DNA 单倍群）。其中一个种族还包括所有欧洲人、亚洲人、大洋洲土著、美洲土著、东非讲库希特语族语言的游牧部落（如埃塞俄比亚的阿姆哈拉、马赛、埃尔莫洛等部落）、萨赫勒地区说富拉尼语的民族（主要是游牧民族，从历史研究来看似乎是来自北非的移民），以及班图人（非洲最大的单一民族部落群，在 3000～4000 年前开始的一次大扩张中，从他们的家乡喀麦隆高原扩散到非洲中部和南部的大部分地区）。简而言之，生物学意义上的“种族”与自

19世纪以来一直被广泛使用的“种族”虽然是同一个术语，但含义是不太相同的。

无论种族是否存在，我们都可以问，不同人群之间的差异是否具有适应性。例如，肤色是一种对当地阳光中紫外辐射水平的适应，与种族划分几乎没有关系。肤色是对宇宙射线损害皮肤和内部器官的风险的一种适应，这种风险与纬度和海拔相关。高密度的黑色素细胞（皮肤中产生黑色素使皮肤呈现黑色的细胞）可以保护皮肤免受过多的阳光照射。因此，生活在热带地区强烈光照下的人具有典型的深色皮肤，而生活在远离热

肤色是一种对当地阳光中紫外辐射的适应

带地区的人，因为他们受到的光照较弱，所以具有较浅的肤色。同样的道理，生活在高海拔地区，例如青藏高原和安第斯山脉的人比同纬度低海拔地区的人肤色更深，这是因为前者所处的位置大气层稀薄、离太阳更近，受到的太阳辐射更强烈。

在7万年前现代人走出非洲之前，我们所有祖先的皮肤都是深色的（虽然可能不像现代班图人那么黑）。然而，在热带以外的地区，深色皮肤就变得不利于生存了，因为高纬度地区光照条件普遍较差，没有足够的阳光穿透皮肤，导致皮肤不能合成维生素D，而维生素D对肠道吸收钙和其他矿物质至关重要。事实上，在深色皮肤的热带和亚热带人口中，女性（和婴儿）的皮肤颜色总是比男性浅得多，因为女性需要为促进婴儿的骨骼生长最大限度地吸收钙。强大的选择压力足以使得从热带迁移到高纬度地区的人群在大约2500年或100代的时间里丧失黑色素细胞。然而，一些亚马孙印第安人的肤色却比同纬度其他地区人群的要浅，可能是因为亚马孙印第安人相对来说是近期才进入亚马孙地区的缘故。

本地适应的另一个例子是体型。生活在热带开阔大草原地区的人直接暴露在阳光下，往往又高又瘦，这样在一天中最热的时候，太阳当头照，他们能尽量减少暴露在阳光下的皮肤。许多热带游牧民族也是如此，如东非的马赛人和苏丹的努尔人。相比之下,生活在热带雨林深处阴影下的人往往身材矮小,体格纤细,比如非洲中部的俾格米人和南亚的内格里托人。

其他适应包括能催化牛奶中的乳糖转化为更易吸收的葡萄糖的乳糖酶(见问题16)。只有白种人(印欧人)和养牛的非洲游牧民发生了突变,成人能够消化牛奶,其他人种只能消化经过加工的乳制品(如酸奶或奶酪,负责发酵的细菌将乳糖转化为更易消化的乳酸)。

遗传适应的另一个例子是西非的镰状细胞基因和与地中海东部密切相关的地中海贫血基因,两者在杂合子形式(镰状细胞基因与正常基因结合)下对疟原虫具有抵抗力——尽管隐性纯合子(两个基因都是镰状细胞基因)可能导致携带者出现极度痛苦和衰弱的情况,并导致早亡。这些突变只存在于携带疟原虫的蚊子的生存地区,这主要是镰状细胞突变体受到强大的选择压力所致。

69. 为什么人类是唯一拥有语言的物种?

尽管语言和言语经常被混为一谈,但区分二者是非常重要的。语言是一种认知机制,我们据此为特定的心理状态命名——有时被称为“思维语言”。哺乳动物(可能还包括鸟类)生来就以“命题”(X 导致 Y)而非简单的事实来储存关于世界的信息。当语言有语法结构时(就像人类语言一样),我们能够表达出复杂的(多命题)句子,这既可以帮助我们组织想法,也可以让我们做出推论(X 是 Y,Y 是 Z,因此 X 也是 Z)。言语是我们用来将这些想法传递给其他个体的物理机制。言语主要是一种声音媒介,尽管也可能有其他方式,如手语(尽管内容不如声音丰富)。我们很可能不是唯一能够在头脑中形成想法的物种,但我们是唯一能言语的物种(而不是像鹦鹉那样对发音进行模仿)。

言语完全就是一个控制呼吸的过程(在一分钟或更长时间内以一种受控的方式呼气的能力)。如我们所知,不控制呼吸的话,人类就不可能言语,因为这样只能说出非常简单的句子。人类进化出言语能力似乎不是通过一次巨大突变完成的。相反,它是一系列彼此不相关的偶然进化事件的积累,这一系列进化始于 600 万～700 万年前我们的猿类祖先开始双足行走时。当上肢接触地面时,四肢着地行走会锁住胸腔(以支撑身体),这使得猴(或其他用四肢行走的物种)在行走时无法呼吸。实际上,四肢行走的物种每走一步都要换气。只有当胸腔无压力,呼吸独立于站立和运动时,言语才有可能发生。

第二阶段发生在古人类进化出歌唱能力时,最可能以无字哼唱的形式作为社会联系机制(见问题 96)。与完全控制呼吸相关的解剖学变化表现为上胸部(控制膈和胸壁肌肉的神经从脊柱中出来的部位)出现显著增大的神经管和舌骨在喉部的位置发生转移(舌骨是支撑食道顶部的精巧骨头,它向下移动,以便增加口腔和喉咙中声腔的大小)。现代人和尼安德特人都有这些特征,所以这些特征肯定可以追溯到至少 50 万年前,而且很可能所有古人类都有这些特征。

接下来的两个阶段是将呼吸器官与头脑中的想法连接起来,并将想法以语言的形式表达出来,然后,重要的是有能力构建嵌入式命题(实际上是语法)。这是两个完全不同的过程。因为它们都发生在大脑中,所以没有留下化石记录。然而,我们从儿童的发育过程中了解到,它们是按照这个顺序出现的。儿童从简单的句子开始交流,通常只是简单的命令("来!""再来!"),与猴和猿交流的复杂程度差不多,然后慢慢开始说越来越复杂的句子。具有复杂语法结构的句子(由几个从句或命题组成)的发展和演变,依赖于一种被我们称为"读心术"或心智化的认知过程。

心智化是凭直觉理解自己和他人想法的过程。我们并非生来就有心智化能力,而是从大约 5 岁开始发展出这种能力。

在此之前，我们知道自己的想法，但不能区分自己和他人想法的内容。从5岁开始，我们就意识到他人的想法可能与自己的想法不同[“我相信吉姆认为世界是平的（尽管我知道它是圆的）”]。在那之后，我们逐渐发展出理解更多心理状态的能力，直到在青少年的某个时期能够像成人一样理解5种心理状态。我们能够理解的心理状态越多，就能拆解语法结构越复杂的句子。

心智化能力与额叶容积相关（即使在正常成人中也是如此），这个事实意味着我们可以利用这一关系来简单回顾化石记录。对化石记录的回顾分析表明，古人类（包括尼安德特人）可能只能理解4种心理状态（相比之下，现代人可理解5种）。所以，尽管尼安德特人很可能会说话，但他们的语言不会像我们的语言这么复杂。这意味着他们的笑话不会这么有趣，故事不会这么复杂，他们找出复杂因果关系的能力也更弱。我们所知道的现代语言似乎直到15万年前解剖学上的现代人出现时才出现。

70. 人类还在进化吗？

只要个体的生殖速度存在差异，就会有进化。只要环境随着时间的推移而改变，有利于某些个体或某些物种的生存繁衍，而不是其他个体或物种，就会有进化。当然，进化的速度会变慢，但它不可能完全停止。现代人已经在一定程度上减缓了进化的速度。医疗卫生的进步有助于延长寿命，从而使那些以前无法繁殖或养育后代的个体也能够繁殖和养育后代。然而，这是假定不存在导致极大规模死亡的重大危机，例如大规模战争、饥荒或其他灾难的理想状态。

过去几个世纪以来交通的飞速发展也减缓了现代人的进化速度。由于地理隔离是新物种形成的一个主要因素（见问题43），只要时间足够长，人类在世界各地的急剧扩散终会导致不同的地理种群进化成不同的物种（尽管这可能需要几十万年甚至更长时间的隔离）。然而，在过去几千年里，由于海、陆、空交通的极大发展，以及由此带来的通婚机会，不同种群之间的基因流动已经大幅增加。即便如此，令人惊讶的是，仍有一些十分有限的地理或社会隔离阻止了相邻种群之间的基因流动。

塔马河就是一个例子，它将英格兰西南部的康沃尔郡和德文郡从地理上隔离开了。从文化角度来看，这条河一直将两个对彼此持怀疑态度的种群隔离着（现在仍如此）。令人惊讶的是，塔马河竟然划分出了两个显著分化的遗传种群。一方（康沃尔郡人)是定居不列颠群岛的原始凯尔特人(他们使用的是凯尔特语族的康沃尔语,直到 18 世纪灭绝)的后代,另一方(德文郡人)则是 5 世纪入侵者盎格鲁-撒克逊人的后代。尽管造成分化的原生环境已不再起任何作用,但这两个相邻种群之间存在足以导致分化的局部生殖隔离,使得遗传差异在 14 个世纪后仍然存在。

另一个例子是印度种姓制度。众所周知,印度有四大种姓,或称瓦尔纳,起源于大约 4000 年前来自俄罗斯的印欧入侵者的社会制度。除四大种姓外,还有一个最受歧视和压迫的群体——达利特人(贱民),代表着被征服的原住民。虽然种姓制度的特征之一是内婚制(与同种姓的人结婚),但内婚制后来被认为很大程度上是社会性的。事实上,印欧基因(实际上是与欧洲人共享的基因)的比例与种姓社会地位相关:作为第一等级种姓的婆罗门,通过严格的婚配制度来努力维持其种姓的“纯洁性”,因此拥有最高比例的印欧基因。而作为原住民的达利特人,自然拥有最低比例的印欧基因。值得注意的是,这些基因差异通过文化机制维持了 4000 年,基因流动非常有限——尽管印度北部经常被波斯人、阿富汗人、阿拉伯人、蒙古人入侵和征服。

一个有趣的问题是,对复杂知识和技术的日益依赖是否会导致人类进化出更大的大脑。答案是:可能不会。人类大脑的大小已经达到了自然分娩的绝对极限。就哺乳动物整体而言,幼崽出生时或多或少有自理能力,而这主要取决于幼崽的大脑发育水平。这么说来,人类妊娠期实际上应是21个月,和大象差不多。

当我们的祖先在大约600万年前开始双足直立行走时,骨盆形状(需要支撑躯干)的变化极大地缩窄了骨盆入口(或产道)的直径。50万年前古人类发现了大脑增大的益处,在此之前,产道的缩窄并不是一个大的问题。大脑增大后面临的问题是如何把一个非常大的脑袋挤进一个非常窄的产道。对于这个小难题,人类的解决方案是生下"早产儿",让"早产儿"在子宫外完成大脑发育。人类婴儿直到1岁左右(相当于21个月的妊娠期)才会达到与新生猿猴相同的大脑发育水平。由于人类婴儿出生时已经处于生存的最边缘,因此进一步缩短孕期真的不是一个好的选择。

在进化过程中没有什么是不可能的,当然,还有另一种解决办法,那就是增大女性的骨盆宽度以使产道更宽。然而,更宽的骨盆会显著影响女性行走和奔跑,导致她们步履蹒跚,除了降低女子运动纪录刷新的可能性外,还会大大降低女性的活动能力。说到底,这可能会导致性别隔离加剧,正如在萨赫勒地区发生的那样,女孩被强制喂食至超重,让她们外表看起来更有吸引力。但我感觉这不是一个特别受欢迎的解决方案。

8　行为的进化

71. 行为在进化中扮演了什么角色?

大多数的适应最终需要某种程度上的遗传变化,但遗传变化在一定程度上又取决于种群内是否有足够的遗传变异,或者至少有机会产生新的突变。如果环境变化足够快,比如标志着上一个冰期结束的“新仙女木事件”(见问题 17),那么一个物种很容易灭绝,尤其是世代周期长且繁殖缓慢的物种(见问题 45)。如果环境变化较慢,那么通过行为上的适应使物种赢得足够的时间,物种也可以在足够长的时间里避免灭绝并产生合适的遗传响应。这就是由美国心理学家詹姆斯·马克·鲍德温(James Mark Baldwin)于 1896 年提出的鲍德温效应。

在环境经历持续的变化时,发现环境中的变化规律并采取相应行动的能力尤为重要,对陆地生境而言尤其如此。从环境中获取线索,例如知道哪里是安全的睡觉地点,或哪些食物是可食用的而哪些不能,这都是可以决定生死的。最优觅食理论(见问题 12)只有在动物能够了解环境线索并基于此做出吃什么或去哪里的明智决策时,才有可能成立。

在交配行为中,策略选择也尤为重要(见问题 56 和 74)。当一个物种由两个具有不同生殖利益的亚群(如不同性别群体）组成时，就具有了操纵和选择策略的空间，而这将产生一场“军备竞赛”，因为两个亚群试图操纵和超越对方以获得进化优势。事实上，任何社会环境都会随着时间的推移不断变化，动物个体需要追踪这些变化并对其他个体未来可能的行为做出预判。

行为适应需要极其复杂的大脑进化，使动物能够做出相应的选择，调整自己的行为以适应不断变化的环境。此外，动物当然还需要一个足够复杂的感知系统来为大脑提供选择所需的信息。换句话说，有一个容量较大的大脑的意义在于具有行为上的灵活性，至少可以根据环境的细微变化调整自己的行为。

但是，具有这种能力的大脑不是“免费”得来的。神经元的进化代价极大，而使其维持随时放电的状态代价更大——静止状态下，大脑的能量消耗大约是肌肉的10倍。这在很大程度上是由电化学机制的性质决定的，即一个神经元能够被来自另一个神经元的化学信号和电信号激活并启动。这个机制有两个独立的组成部分：(1)钠泵的能量消耗，它维持着激活神经元必需的神经元膜电位差；(2)神经元被激活后，替换神经递质（神经递质的化学成本较高）的能量消耗。如果能找到突破电化学机制的制约的办法，那么长出一个容量较大的大脑，用它来找到更好的解决生存和繁殖等问题的方案，就会具有明显的优势。简言之，行为灵活性是进化成功的关键，但这是有代价的。

72. 我们如何解释利他行为进化？

达尔文对自己关于物种如何进化的解释大体满意，但困扰他的是无法找到对利他行为（一个个体为了提高另一个个体的适合度而降低自身适合度）进化的满意解释。自然选择为了最大限度地促进生殖而给个体所施加的压力，应该会导致利他行

神经元的进化代价极大

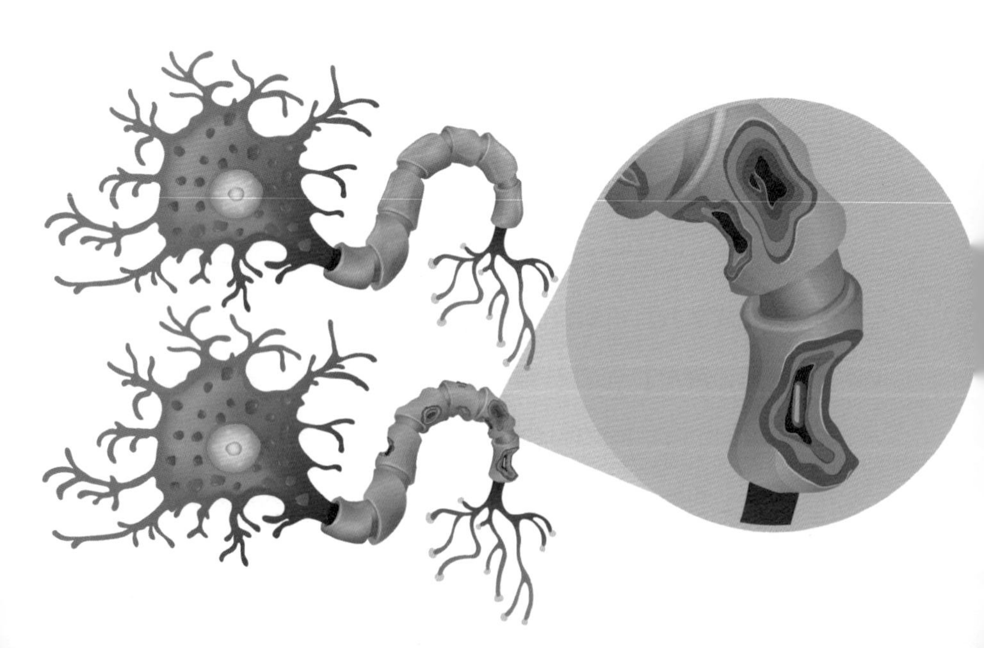

为迅速从种群中消失。然而,正如达尔文通过仔细观察蜂巢所发现的那样,工蜂是不育的雌蜂,它们放弃了所有的生殖机会,取而代之的是,为了它们的姐妹——蜂巢中唯一能够繁殖后代的蜂王的生殖利益而辛勤劳作。

直到20世纪60年代这一问题才得以解决,汉密尔顿凭借富有灵感的洞察力,意识到如果适合度与特定基因的未来前景有关,那么个体可以通过帮助近亲繁殖将特定的基因拷贝传递给下一代,当然,前提是所有个体都从共同祖先那里继承了该基因的拷贝(汉密尔顿关于广义适合度的概念,见问题25)。他意识到的是,如果个体间的亲缘关系(共享一个特定基因的概率)遭遇“贬值”,一个个体的利他行为使得近亲额外产生的后代的数量多于该个体因此而失去的后代的数量,那么自然选择将有利于那些促进利他行为的基因。而且,个体为近亲做出的牺牲要多于远亲。这一原则后来被称为亲缘选择理论,该理论认为个体应该优先为亲属考虑。总而言之,一切都取决于得失之差和亲缘关系的远近。

不幸的是,关于人类利他行为的讨论总是陷入一种特殊形式的语言错位中。在日常生活中,利他行为可以是对街边乞丐的小额捐赠(虽然慷慨,但捐赠者的适合度损失微不足道),可以是借钱给他人实现人生目标(虽然损失有一点大,但帮助亲属可能是值得做的),也可以是放弃自己的生命去拯救他人[就像狄更斯的小说《双城记》(*A Tale of Two Cities*)中,在法国大革命时期的巴黎,西德尼·卡顿(Sydney Carton)代替法国贵族查尔斯·达尔奈(Charles Darnay)上了断头台]。问题是,当讨论利他行为时,我们总是倾向于考虑最后一种情况,并假定它代表了利他行为范式,因此很容易认为人类的行为是反达尔文主义的。出于几个方面的原因,我们需谨慎地对待这类主张。

首先,对任何进化解释而言,捐赠的额度是至关重要的。我们首先要问的是:谁捐赠给谁?捐赠多少?多久捐赠一次?向一个乞丐捐赠零花钱几乎不可能给我们大多数人带来负担,更不会影响到我们的适合度(生育前景)。我们可以将其视为日常的利他行为(而且事实上,我们经常这么做),但它实际上并没有通过生物学利他行为的测试:成本太低了。捐赠大量的金钱和资源可能是一个更具实质性的问题,但是,对于非常富有的人来说,大笔捐赠可能不会对他们的适合度产生多么大的影响。我们还需要仔细研究一下所涉及的目标。男性向与己无关的育龄女性捐赠,或许可以更好地解释为求偶宣告,举个日常的例子,男性邀请女性出去吃一顿昂贵大餐是希望给她们留下深刻的印象,从而产生一个良好的结果。

但是像西德尼·卡顿那样，利他主义者为了另一人的生存而牺牲自己的生命，又该如何解释呢？这种情况在现实生活中发生的频率有多高？答案是：不太经常。事实上，这正是当这种情况偶尔发生时我们会如此惊讶的原因。如果不是达尔奈只花很少的钱来为卡顿办葬礼，甚至不愿意在他被送上断头台后照顾他的侄女，那狄更斯的故事将不会如此凄凉。普通人进行危险救援的背景分析相当清楚地表明，男性往往冒着生命危险去拯救育龄女性，而女性只有在事关她们非常亲密的亲属（如孩子）时才会这样做，这两种行为的完全合理的进化原因分别与交配机会和亲代投资有关。

当然，这并不是阻止我们为冒险行为喝彩。但是我们不应过度解读利他行为的意义。我们的行为可能并不总是像第一眼看上去的那样，我们需要谨慎地解读行为。

73. 为什么会有合作进化？

在许多方面，合作是在复杂社会生活的关键，因此，它在人类和其他高等社会性动物的行为中至关重要。自然界有很多动物合作的例子（例如黑猩猩捕杀猴，海狸筑坝），合作在人类中也很常见。但从进化的角度来看，合作面临着与利他行为相同的困境(见问题72):如果你与其他人合作,你就要在他们的生殖上投入必要的时间、精力或金钱,如果他们不回报你,那么你的行为就是利他的。在经济学上,这个问题被称为公共物品困境。

那么合作是如何进化的呢?

当然,其中一个解释就是亲缘选择:即使你从来没有在我帮助你之后回报过我,但只要我们有亲缘关系,你在我的帮助下产生额外的后代,我就会因为参与其中而在下一代获得回报(见问题72)。但这个解释仅适用于我们具有亲缘关系的情况。如果没有亲缘关系,我们还会合作吗?会的,例如互利共生(或群体选择):如果一项任务要求双方合作,并且双方能通过合作获得平等的收益,那么合作很容易进化。一个显著的例子就是通过群居抵御捕食者——群体的存在阻止了试图发起攻击的捕食者,但群居动物自身并不会向捕食者发起主动攻击(见问题81)。

合作捕食是另外一个例子:通过合作,捕食者能够捕到比独自捕到的猎物体型大得多的猎物,这对狮子、鬣狗和狼等许多大型捕食者来说都是如此。然而,这并没有完全消除公共物品困境问题:我可能东奔西走,看上去非常忙碌,却没有承担任何风险,而且仍然与合作者分享共同捕得的猎物。“搭便车”是一个普遍的问题，不仅在自然界，人类社会的日常生活中也存在。“搭便车”的人可以指那些借钱不还，接受社交邀请却从不回报的人。

解决“搭便车”问题的传统做法是惩罚。如果某人没有履行社会契约，我们可以通过“赢-留/输-走”策略来惩罚他们：只要你回报我，我就继续与你合作，但如果你不这么做，我就不会再与你合作。当然，只有这个物种的大脑通过进化获得了足够大的容量，能够记住过去的遭遇及其后果，才有可能实施这个策略。又或者，在我帮你之前，先考察你的信誉，这样我就可以根据你过去对待别人的表现来评估你是否可靠。加拿大心理学家伊万·罗素(Yvan Russell)的一项实验表明，黑猩猩确实会监测其他个体与第三方的互动，并利用这些信息来决定是否与该个体合作。另一种策略是利他惩罚，即个体愿意惩罚那些没有履行契约的人。在一项人类实验中，受试者愿意支付一定的费用来惩罚行为不端的人。

在这种情况下，通常会有一些机制，让合作伙伴能够监督对方遵守社会契约的情况。人类对违背社会契约和公平分配原则的人特别敏感，甚至有些动物也是如此。篱雀是欧洲的一种小型庭园鸟，它们就是一个例子。因为在鸟类中，雌鸟能够储存与不同雄鸟交配时获得的精子，然后有选择地利用全部或部分储存的精子使卵子受精，同一窝小鸟通常有不同的父亲，包括（或不包括）它们母亲的配偶。英国鸟类学家尼克·戴维斯（Nick Davies）发现，在雏鸟孵化后，雄鸟会根据雏鸟与自己的亲缘关系调整自己为雏鸟觅食所投入的精力。雄鸟是根据什么线索来判断亲缘关系的呢？就是雌鸟在繁殖期离开它视线的时间，在这个时间里雌鸟可能会与其他雄鸟交配。这真是个优雅而又简单的解决办法。

74. 我们和谁结婚对进化有影响吗？

在有性生殖物种中，每个后代只继承父母双方各一半的基因（见问题22）。那么，为什么要通过基因分离来浪费你所代表的那组完美的基因呢？一个解决办法就是选择一个和你尽可能相似的伴侣。但是，如果伴侣和你之间的亲缘关系太近，根据孟德尔遗传定律，会存在风险：子女可能碰巧从父母双方各继承某个有害隐性基因的一个拷贝。如果子女只继承有害隐性基因的一个拷贝，那通常没有问题，因为有害隐性基因的表达会被抑制，但继承两个拷贝就是一场灾难（例如镰状细胞贫血，见问题68）。

事实证明，从遗传角度来讲，表亲或远房表亲是最佳的折中方案：他们和你的亲缘关系足够远，可以将继承有害隐性基因的可能性降至最低；但又足够近，可以分享其余的大部分基因。这就是我们有时候所说的最优近交（或者，最优远交）。在一项关于鹌鹑的优秀实验研究中，进化生物学家帕特里克·贝特森（Patrick Bateson）发现，相对于有点儿亲缘关系的异性，鹌鹑个体更喜欢表亲。来自冰岛的证据更具说服力，在这里，可以将人类的血缘追溯到近1000年前：从留下的后代数量或实际的遗传适合度来看，在这个孤立小种群中远房表亲间的婚姻是最成功的。

鹌鹑

事实上,基因质量并不是繁殖成功的唯一重要因素。如果雄性守护着可供雌性抚育后代的觅食领地(或者其他资源),那么雄性领地的优劣也可能是一个考虑因素。这在鸟类中尤其常见,因为鸟类的领地优劣对后代存活率有显著影响。在这种情况下,雌性可能更喜欢与拥有最优质领地而不仅仅是最优质基因的雄性交配。如果领地的优劣差异很大,雌性可能更愿意成为富饶领地上的第二甚至第三个雌性个体,而不愿意成为贫瘠领地上的唯一雌性个体。这正是发生在美洲红翅黑鹂中的情况,影响雌性择偶偏好的领地优劣被称为一雄多雌阈值。

我们甚至在人类身上也看到了这一点:在男性拥有土地或其他财富的社会中一夫多妻制较常见,因为土地和其他财富可供他们的妻子们抚育后代。在这样的社会中,地位低、财富少的男性在女性寻找丈夫(以及家庭为女儿寻找丈夫)时会受到歧视。正如进化人类学家莫妮克·博格霍夫·马尔德(Monique Borgerhoff Mulder)在她关于东非基皮西吉斯农牧民的开创性研究中所展示的那样,他们很少有一个以上的妻子,即使这样,他们也常常不得不接受年龄更大的女性(生育潜力更小),或有残疾及其他可能影响生育潜力的社会或身体劣势的女性。

哺乳动物生殖系统的构造使得雌性在体内妊娠和哺乳期

投入更大，这意味着雌性在每次受孕中都承担着更多风险，因此比雄性更挑剔。在人类中，通过对个人在征婚广告（或“征友启事”专栏）中所陈述的伴侣偏好的分析证实了这一点：女性的要求通常比男性更高，而男性会更努力地宣传女性感兴趣的品质。相比之下，除非男性很富有，否则他们往往会列出较少的要求，而女性在广告中通常较少描述自己的品质——至少在她们的生育能力下降到开始影响她们对男性的吸引力之前如此。这是最优觅食理论（见问题12）在另一个领域发挥作用的一个例子。

75. 人类真的是一夫一妻制吗？

我们大多数人都熟悉“坠入爱河”的特殊感觉和情绪——一种梦幻般的感情，专注于一个特定的人，排斥几乎其他所有人和事件（有时甚至到了失去胃口的程度），对关心的人持过于积极的看法（情人眼里出西施），还有一种想接近那个人的强烈欲望。当然，并非每个人都有相同程度的感受，有些人可能永远都不会有这样的感受。但一般来说，坠入爱河是人类最接近的共性——也是我们的生物学情感如何轻易压倒我们著名的理性能力的例子。

对人类来说，坠入爱河是伴侣配对过程的一个重要组成部分，而且通常是(但不总是)成功的生殖关系的前奏。事实上，有研究表明，在一段关系开始时，人们会戴着“情人眼里出西施”的滤镜来看待伴侣，这确实可以预测这段关系能持续多久。有趣的是，从心理学上讲，这与人们对有魅力的出类拔萃者的反应并没有太大不同。

虽然有些浪漫关系确实可以持续一辈子，但人类并不是严格意义上的一夫一妻制(单配制)。与山羚(也许是所有鹿和羚羊中最为严格的一夫一妻制物种)、长臂猿、夜猴和伶猴(毫无疑问是猿和猴中最为严格的一夫一妻制物种)等物种的终身一夫一妻制相比，人类的表现很糟糕。在一些狩猎采集者中，“婚姻”关系可能是非正式的，他们一生中可能有多达 10～12 个伴侣，并且和其中许多(如果不是大多数的话)伴侣育有孩子。这可能与我们在现代西方社会所观察到的情况没有太大不同，近几十年来现代西方社会婚姻关系变得不那么正式。事实上，绝大多数允许一夫多妻制的社会在大多数情况下是为了男性的利益，只在少数情况下(例如印度南部的托达人)是为了女性的利益。

在这方面，人类似乎处于真正的一夫一妻制哺乳动物和真正的混交制哺乳动物的中间位置。这种矛盾反映在与交配制度相关的许多方面。例如，体型的性二态性程度是一个预测交配制度的优质指标，主要原因是在混交制物种中，雄性必须为了博得有生育能力的雌性的青睐而互相打斗，这就造成了一场以拥有更大体型和更厉害武器为目标的“军备竞赛”。在严格的一夫一妻制物种中，成年雄性和雌性体型相当，但在混交制物种中，雄性的体型总是比雌性大得多（雄性大猩猩的体型是雌性的2倍）。虽然人类男性往往比女性体型大，但差距不太大——身高差大约7%，体重差大约20%。雄性睾丸的大小是另一个很好的预测交配制度的指标，混交制物种中雄性的睾丸比一夫一妻制物种中雄性的睾丸大得多。人类同样处于两者之间。

一个可以用来预测交配制度但鲜为人知的指标是第二指和第四指（食指和无名指）长度的比值（即2D∶4D的比值）。在一夫一妻制物种中，这个比值大致为1，但在混交制物种中小于1（无名指更长，两性都表现出这个模式）。人类再次处于这两个极限之间（尽管这似乎是因为男性和女性都表现出两种截然不同的类型——一种更偏向于混交制，另一种更偏向于一夫一妻制）。这一比值的决定因素之一是胎儿在子宫中接触到的睾酮水平——一夫多妻制物种的高于一夫一妻制物种的，而且至少在人类中，男性血管升压素（从其功能上讲是一种抗利尿激素）受体的特定等位基因也是决定因素之一。第二指和第四指长度比值与抗利尿激素等位基因都能预测男性对多个性伴侣的偏好，且至少就指长比值而言，女性的偏好也可以预测。

即使人类不是终身一夫一妻制，但我们至少可以说人类能在数年内保持密切的、专一的配偶关系。这引发了一个有趣的问题，即迪肯困境，它是由神经解剖学家特里·迪肯(Terry Deacon)最先提出的。人类的浪漫关系存在于一个庞大的多雄或多雌的群体中，然而，没有配偶的人很少会试图“偷走”别人已经结合的伴侣。在其他大多数动物社会中，这将迅速演变成一场混战。人类社会中并非如此，配偶关系在大多数(虽然不是全部)情况下得到了尊重，这意味着有一种不同寻常的能力来抑制所谓的优势反应(例如，小孩子在聚会上抢夺最大的一块蛋糕的倾向)。以这种方式抑制自身的反应，从而能够与其他人公平分配的行为能力特别依赖于大脑的额叶(在人类大脑中，这一区域已经进化成主要功能区了)。

76. 在进化过程中利益冲突是不可避免的吗？

自私的基因这一观点告诉我们，每个人内心都有自己追求的利益。这意味着一旦两个人相遇，一场利益冲突将不会太遥远，因为每个人总是想做最符合自己利益的事。关于这一点，有三个进化中众所周知的冲突，都与对后代的投资有关。其一是父母和子女在子女应该得到多少投资上的冲突。其二是两性为共同的后代分别投资多少的冲突。其三是双亲基因组之间在控制婴儿如何发育方面的冲突。

第一个冲突下,一旦父母对后代的发育和成长做出了重大贡献,就不可避免地产生一种不对称性:子女更愿意得到比兄弟姐妹更多的资源(无论是牛奶还是金钱),以期更好地发育,获得更大的竞争力,而父母希望在子女之间更公平地分配资源(一方面是为了最大化自己的适合度,另一方面是为了对冲个别后代不成功的风险)。这是汉密尔顿法则的一个简单结论(见问题25):子女与父母的亲缘关系比与兄弟姐妹的亲缘关系更近(除非是同卵双胞胎),因此,子女会更希望父母为自己投资,而不是为兄弟姐妹投资。另外,父母与不同子女有着同等的亲缘关系,所以倾向于公平地分配资源。婴儿(可能还有青少年)发脾气是这一现象的现实后果。

尽管如此,父母有时可能更愿意在子女身上进行不同程度的投资。这样做可以确保他们的谱系和基因延续下去,从而使适合度最大化。在一些土地贫瘠的地方,土地资源非常有限,一个家庭的所有兄弟必须娶同一个女孩。他们并不总是喜欢这样(女孩也是如此),但习俗要求:在没有多余土地的情况下,这样做可以避免几代之后家庭农场被分割成面积更小、经济效益更差的土地单元。从功能上讲,这与欧洲人把所有家族财富都投资给一个后代,而让其余人自谋生路的策略非常相似。在某些情况下,父母甚至可能通过杀婴(20 世纪以前印度的许多拉其普特人家庭会这样做)或减少投资来有意操纵后代的生存机会。18 世纪和 19 世纪北欧的农民实行的是历史学家所称的“继承者与备用继承者”策略:这需要确保只有两个幸存的儿子——一个是继承者,万一继承者死亡,则另一个成为新的继承者。这是通过大大减少对后出生的男孩的投资而实现的,这些男孩在 1 周岁之前的死亡率甚至高达 50%。顺便说一下,这不会影响到家庭中的女孩们:她们可以嫁入其他家庭(如果她们来自拥有土地的农民家庭,就会成为受欢迎的新娘)。

第二个冲突的诱因是配对结合的一夫一妻制。在许多方面,这是合作的终极例子:两个不相关的人一起合作完成共同的任务(抚育他们的后代)。也许最引人注目的例子是狨猴和绢毛猴。在这些分布于南美洲的体型较小的南美猴中,雄性独自照顾幼崽。雌性一次只能喂食 10 分钟,即便如此,雄性可以决定幼崽何时吃饱。在某种程度上,这种不寻常的繁殖制度的形成原因是雌性“诱骗”雄性实行一夫一妻制:在雄性照顾幼崽的情况下,雌性一年可以繁殖两次(双胞胎概率为 80%),然而,如果雄性选择四处寻找不同的雌性交配,那么由于哺乳和照顾幼崽的负担，雌性每年只能繁殖一次。事实上，雌性为雄性提供了一个雄性无法拒绝的合适的“建议”，而雄性无法拒绝的唯一可能的原因是这两个物种体型太小了。体型较大的物种不可能使用这个策略，因为通常雌性一次只能繁殖一个后代，而且由雌性自己抚育。

在实行一夫一妻制的物种中，从结果来看，双方显然都是既得利益者，但是因为配偶之间没有血缘关系（所以亲缘选择并不适用，见问题 25），公共物品困境（见问题 73）开始出现了：总有一种诱惑让伴侣的一方对后代的投资略少于另一方。虽然一夫一妻制在鸟类中是一种常态（因为雄性和雌性对后代的抚育贡献是一样大的），但如果资源足够丰富，并且雌性愿意担负额外的抚育任务，雄性有时甚至会尝试与另一雌性营造第二个巢。同样的道理，如果雌性能够选择更好的精子使其卵子受精，那么它们也会有兴趣与其他雄性交配。鸟类受精卵中，5%～35%来自配偶外交配。在严格实行一夫一妻制的长臂猿中，高达 12%的后代来自雌性与“隔壁雄性”的交配，而在人类中这一比例为 5%～10%。

第三个冲突是从受孕的那一刻开始的。因为雄性和雌性的繁殖收益不同，雄性希望牺牲雌性的利益来最大化对后代的投资（特别是如果雄性和雌性可能没有更多后代时），而雌性则希望确保后代不会耗尽自己的精力,以免威胁到自己的生存或未来的生育机会。结果,双亲基因组在对后代发育(这是后代的需求)的控制上将不可避免地发生冲突。对基因组印记的一种可能解释(见问题22)是,它反映了父母在控制胚胎及其发育方面的冲突。

77. 行为有性别差异吗?

关于行为或认知能力上是否存在性别差异,一直以来有许多争论。事实上,这可能是整个心理学中最有争议的话题。事实上,至少对人类来说,男女之间在智力上的差异微乎其微。男性似乎确实更擅长解决空间问题(可能因此更擅长阅读地图),也可能更擅长抽象的工作,而女性在社会事务、语言交流和子女教育方面的表现比男性好得多。但仅此而已,男女在智力方面的表现同样出色。

更重要的是生殖策略上的性别差异,这种差异深深植根于哺乳动物的生殖行为中。由于哺乳动物生殖投入的冲击主要由雌性来承受,而哺乳动物的幼崽又很脆弱,所以需要一些机制来确保幼崽的照顾者不会过早地抛弃它们。因为这件事太重要,不能听天由命,所以整个过程似乎是自然化的,不受动物的控制。分娩本身和随后的母乳喂养会触发催产素的释放，这就是为什么母亲和幼崽之间会瞬间产生一种深厚的联系（见问题13）。雄性则不会有类似的经历。在某些田鼠中，雄鼠使雌鼠受精后，不参与抚育活动，并经常对其他动物表现出非常强的攻击性。将催产素注入这些雄性的大脑中会使它们变得更温顺，更愿意在雌性抚育幼崽时陪伴在雌性身边。

因为两性在珍贵的卵子和廉价的精子上的初始投资不同，所以雌性的鸟类和哺乳动物做出的择偶选择通常比雄性复杂得多。如果事情不顺利，雌性鸟类和哺乳动物的损失要大得多，它们总是试图在几个相互冲突的标准（例如，优良的基因与抚育所需的资源）之间找到平衡。人类和其他哺乳动物都是如此（见问题74）。

在达尔文的性选择理论中，雄性要么向雌性展示自己的优点（雌性则从它们中做出选择：性别间选择），要么相互争斗（雌性接受胜者：性别内选择）。人类似乎会同时执行这两种策略：男性既通过展示自己的优点（通过跳舞、自夸、讲故事、开玩笑和冒险等行为）产生吸引力，也直接与他人竞争。同时，有力的证据揭示了女性在恋爱关系中的选择：女性似乎比男性更早做决定，然后不屈不挠地追求所选之人直至他们同意。

在野马、狒狒、黑猩猩和人类中，雌性成功抚育后代的能力取决于雌性有多少"朋友"(或盟友)。在人类中,这在很大程度上表明了这样一个事实:女性的社交能力比男性更强。例如,女孩的语言发育时间比男孩要早,而且通常在童年时期就能更加熟练地使用语言。女性在社交技巧和应对社交场合方面也一贯表现得更好。女性比男性更善于运用心理技巧(见问题69),因此拥有更大的社交圈,也有更多亲密的朋友。也许由于这个原因,女性往往非常努力地维持友情,即使在人力难以企及的情况下(例如,当朋友搬走时)。相比之下,男性似乎遵循的是"眼不见,心不烦"的原则:如果他们最好的朋友搬走了,他们就会交新朋友。然而,女性比男性更不容易原谅别人的过失。在关于性别差异的辩论(通常相当激烈)中,社交能力很少被考虑在内,导致这些显而易见的社交差异几乎总是被忽视。

女孩的语言发育时间比男孩要早

78. 为什么不同物种的交配制度会不同?

许多物种只是简单地将受精卵扔到生境中,让它们自行发育为成体。而其他物种在抚育过程中投入更多的精力,以最大限度地增加每一个后代发育为成体的机会(见问题 59)。这通常是(但绝非总是)由雌性完成的。例如,在一些鱼类中,雄性照料正在发育的鱼卵(如棘鱼)或将鱼卵及后来发育中的幼鱼含在嘴里(如慈鲷),或者鱼卵甚至在雄性体内发育为幼鱼(如海马和海龙)。雄性负子蟾将受精卵嵌入它们的背部皮肤,直到受精卵孵化成小蟾蜍。有些雄性鸟类甚至还筑有"育儿室":在鸵鸟、鹬、鹞和水雉中,雌性在几个雄性鸟巢中分别产卵,由雄性全权照料。还有一个著名的例子是,雄性帝企鹅把一个巨大的蛋置于足背上,再用特殊的肚皮盖住蛋,以度过南极的冬天,而雌性帝企鹅则来到非洲南部温暖的海水里畅游,几个月后,当蛋孵化后,雌性帝企鹅再返回去分担育幼责任。

虽然有些鸟类(如鸡和鸭)的雏鸟一孵出就能自己觅食(然而,它们仍然需要防范捕食者),但是其他许多鸟类和所有的哺乳动物一开始必须喂养幼体。对于大多数鸟类来说,双亲需要将昆虫或鱼等食物运送回巢中喂食给雏鸟,这一责任通常由两性共同来承担。然而,少数鸟类(如鸠鸽)和所有的哺乳动物是由雌性用体内产生的乳汁喂养幼崽的。在鸽子中,雌性和雄性都通过嗉囊分泌“鸽乳”并将其喂给幼鸽。当然,在哺乳动物中,只有雌性动物通过高度特化的乳腺分泌乳汁。因为这只能由雌性完成,所以大多数雌性哺乳动物是在没有帮助的情况下独自抚育幼崽的。当然,在一些物种中,雄性可能会通过照顾幼崽(如狨猴和绢毛猴)或保卫觅食领地帮雌性分担一部分抚育责任。当雄性以某种方式参与后代抚育时,结果几乎总是实行一夫一妻制。否则,交配系统会默认某种形式的混交制或一夫多妻制,在这种情况下,雄性会保护成群的雌性。

由于两性的抚育能力存在差异,95%的哺乳动物实行一夫多妻制,而只有85%的鸟类实行一夫一妻制,因为鸟类双亲都能喂养雏鸟。犬科动物(狼、狐狸、郊狼等)是哺乳动物中的一个例外:每个物种都实行一夫一妻制,这是因为雄性将猎得的肉食带回巢穴,反刍成半消化的食物后提供给雌性和幼崽。这种方式可用来处理肉食,但素食就不能这样处理了。

动物的交配制度被推向什么方向,取决于后代需要多少亲代投资(这主要反映了它们的脑容量有多大,见问题85),雄性对后代抚育的贡献有多容易,以及雌性如何分配领地。如果被捕食的风险很低,雌性可能会选择在自己独占的领地内活动

(见问题 82),如果雄性为雌性提供服务(例如,保护交配领地,阻止捕食者捕食幼体),雌性就可能选择与其厮守,于是雄性被迫实行一夫一妻制。如果没有这种优势,雄性最好的选择是保卫一个有多个雌性的领地,实行一夫多妻制。如果被捕食的风险很高,雌性很可能会聚集在一起保护自己(见问题 81),而雄性则可能会与雌性群体联合起来,保护这个群体免受竞争对手的攻击。如果雌性的数量太多,雄性将无法阻止其他雄性加入这个群体,在这种情况下,当雌性进入发情期时,雄性就会从保护群体转向保护个体,让其他任何碰巧同时处于发情期的雌性与其他雄性交配。还是回到原初的观点吧,个体总是在机会和约束之间权衡着它们能做什么。

79. 人类行为总是具有适应性吗?

关于现代社会的人类行为是否具有适应性,一直存在争议。在一定程度上,人类行为的设计能够让我们对物种未来的基因库做出最大的贡献。那些声称人类行为不具有适应性的人指出,在现代社会,人们自愿控制生育后代的数量,有时甚至决定不生孩子。这看起来很像一种遗传利他行为。另一种说法是,文明的进步使我们能够彻底改变我们的环境,以至于我们的基因还没有时间去适应(这正是“身体处于太空时代,但思想还停留在石器时代")。

这些说法有几个谬误之处。首先,仅仅因为人类实际生育的后代比能够生育的少,就认为人类行为没有得到达尔文的自然选择理论的支持。这种说法没有意识到,所有的进化过程都涉及复杂的权衡,正如拉克法则和汉密尔顿广义适合度(见问题 25)所提醒我们的那样。进化不单是尽可能快地生育后代,更是最大限度地增加能够存活到成年并接着生育后代的个体的数量。适合度关乎子三代的数量,而不是子一代的数量。个体需要面对不同的环境(尤其是复杂的社会环境),这意味着可能有多种可替代的、同样好的方法来解决如何最大化个体适合度的问题。相比这类批评,我们需要进行更深入的分析。

北美大平原上的印第安部族夏延族就是一个例子。他们有两个首领:世袭的和平首领管理社会事务,战争首领保护部落不受袭击。战争首领宣誓独身,发誓除非胜利,否则绝不会活着离开战场。然而,如果战争首领幸存下来,他们可以解除誓言,然后结婚。解除誓言的战争首领往往是有吸引力的对象,可能正如扎哈维在不利条件原理中指出的那样(见问题6)。平均而言,和平首领有 3.8 个后代,而战争首领只有 2.6 个后代。对于战争首领来说,后代数量的差异要大得多,因为他们中的许多人死于战争,没有机会结婚。事实上,那些在战场上幸存下来的人在生育方面比大多数和平首领成功得多。战争首领为了更大的“奖品”选择了承担更大的风险。

然而,关于战争首领,我们需要了解一些情况。和平首领的头衔是世袭的,而大多数战争首领来自社会底层,受到过相当大的歧视。来自底层的男性要么选择承担被杀的风险,要么选择忍受社会压迫且结婚无望,因为他们没有东西可以给予新娘。孤儿想要与境况更好的对手竞争,唯一的办法就是冒巨大的风险。战争首领与和平首领代表了一种典型的高风险/高收益和低风险/低收益的投资回报策略:和平首领的路线无疑是更安全的,但不是男性孤儿可以选择的。这个例子之所以特别具有启发性,是因为人口统计数据显示,这两种策略的收益和风险是相互映衬的:这两种策略处于进化平衡状态(生物学家也称之为稳定进化对策)。两种策略可以获得同等的收益,但个体选择哪种策略完全取决于他们的境况。

另一种常见的说法是,文明改变了我们的环境,使得我们的基因及其驱动的行为与我们的环境不协调。这种说法实际上更容易反驳。大多数大型哺乳动物(尤其是人类)的行为并不是严格由它们的基因决定的。人类拥有一个大脑袋的意义在于,它能够根据一个人所处环境的不断变化调整人类的行为。事实上,自更新世以来,我们据以做出生殖决定的大部分环境实际上根本没有改变。我们仍然在为优秀的配偶而竞争，仍然在寻找最好的后代投资方案，仍然在决定吃什么和不吃什么。让我们这样做的环境可能已经变了，但我们所做选择的结果和做出有效决策的能力没有改变。

问题是，我们的行为不是基因决定的，但决策能力（或脑力）和提供进化目标的动机（或目标状态）是基因决定的（见问题80）。我们选择什么策略和行为来实现这些目标，取决于我们如何评估相关的风险和收益。要实现这些目标，需要学习许多技能，这就是灵长类动物“青春期”漫长的原因。

同样重要的是，需要记住自然选择的结果从来不是完美的（见问题18），而是在特定环境下达到最好。这也并不意味着每个个体都能成功繁殖。有些个体不可避免地会做出糟糕的决定，但这就是自然选择的一部分：没有个体间的差异，就没有自然选择，也就没有进化。

80. 进化论否定存在自主意识吗？

不可避免地，最终总会出现这个问题，它揭示了进化论中最令人担忧的问题。这个问题的答案很简单：不是。正如我们在上一个问题中所了解到的，人类为拥有一个大脑袋而付出巨大代价的意义在于,它能够根据一个人所遇到的特定情况决定该做什么。只有当一个人所处的环境和需要做出的决定永远不会改变时,由基因决定一切才是值得的。这可能只适用于细菌和病毒。对其他生物来说,如果生物体对自己的命运有一定的控制权,那么它就可以根据当时的情况对自己的行为进行微调。

自然选择只是设定了基本规则,决定了可供选择的行为的风险和收益。它通常在生物体内设立一些目标状态("始终保持一定的能量水平"),以某种信号监控生物体的状态(当能量水平低时会有饥饿感),并建立一个维持目标状态的动机系统(当饥饿感袭来时找点东西吃)。重要的是,生物体能够决定如何实现目标,因为它所处的环境并不总是相同的。接下来的事情就需要各人尽其所能了。如果选择得当,生物体将会留下许多后代;如果选择不当,就不会留下许多后代。

当然,我们都具有与生俱来的遗传预先倾向性,或遗传优势行为,即在其他条件相同的情况下,我们更喜欢一种行为而不是另一种。但对于具有大脑袋的物种来说,学习作为一种优势的方式,变得越来越重要——让我们看到自身行为的短期和长期后果,并为我们做出最好的策略选择提供基础(见问题 60 和 78)。如果我们吃完整个蛋糕,这可能会满足我们对甜食的短期渴望,但可能会导致我们付出长期的代价,因为其他人会因没有蛋糕可吃而不高兴,或者我们会因糖分摄入过多而生病。如果我们破坏了与其他所有人的友谊,我们就有可能在未来某个需要他们支持的时候,让自己没有盟友。我们得学会预判这些后果,并相应地调整我们的行为。没有这种能力,我们将在进化的洪流中被淘汰,甚至灭绝。

能够做到这一点有一个重要的原因:我们和其他灵长类动物(猴和猿)所生活的社会是隐性的契约社会——我们团结在一起以获得更大的利益(见问题 81),但要实现这一点,我们必

一次摄入大量甜食是对短期渴望的满足

须能够抑制为满足自身欲望而不考虑对他人的影响的遗传预先倾向性。如果我们做不到这一点，我们的社会体系就会崩溃。这就是我们必须教孩子以礼貌和合乎道德的方式对待他人的主要原因。尽管有些人声称他们会善待他人，但他们并不会自然而然地这样做。

当然，这并不是说每个人都是完美的社会成员。有些人从来没有学会这样做，要么是因为他们成长的环境，要么是因为他们缺乏控制自己行为的能力——这两者往往一同出现，相互影响。对一些个体从童年到成年的长期研究表明，在童年没有学习社交技能的人在成年后会表现出反社会的行为，且男孩比女孩更容易出现这种情况。

归根结底，是我们选择了自己的行为方式。尽管基因可能使我们倾向于某些特定的行为方式，但是我们这样做并不是受基因驱使的，我们总是拥有最终的决定权。

9 社会行为的进化

81. 为什么有些动物群居生活?

哺乳动物祖先的体型很小(可以从它们的化石中看出),而且几乎可以肯定它们是独居生活的(利用结合物种进化历史的统计分析方法,从现生物种的社会安排重建它们祖先可能的行为)。后来,在一些(不是全部)谱系中出现了群居行为,这可能是由于很多不同的原因进化而来的。

群居的一个原因是,动物只是在食物资源丰富的觅食地点临时聚集在一起。许多成群结队的鸟类(如滨鸟)就是这样的例子。这些群体很少是稳定的,个体只是为了方便觅食而聚集在一起。个体的加入和离开取决于任何特定时间里食物的丰富程度。这种聚集和稳定的群体不同,稳定群体中的个体在相当长的一段时间内(如果不是终生的话)保持不变,个体聚集在一起作为一个连贯的群体从一个觅食地点向另一个觅食地点移动。这些群体之所以存在,通常是因为其中的个体通过长期聚集而获得了一种优势。

形成稳定群体的一个明显原因是为了促进生殖合作,通常呈现为生殖配对的形式。这种形式可能是暂时性的,可能仅限于繁殖季节(兼性一夫一妻制),一年中其他时间里个体独居生活，或者形成不稳定群体（例如一些田鼠和我们熟悉的许多庭园鸟类）或稳定群体（例如鹦鹉和鹰，以及一些灵长类动物，它们实行终身或专性一夫一妻制）。在某些情况下，一夫一妻制物种的个体可能会聚集在一起，形成较大的、特征不明显的群体。这方面的例子包括大多数筑巢的海鸟、在沙滩或悬崖上筑巢的沙燕和食蜂鸟等。在这些情况下，大规模的聚集可能是由于合适的庇护所有限，加上群体可以为个体提供保护，使个体免受捕食者的攻击。

形成稳定群体有两个主要的非生殖原因。一个是合作狩

鹦鹉

猎,几个个体合作可以比它们各自单干捕获大得多的猎物。狮子和鬣狗就是两个典型的例子。在大多数情况下,出于合作狩猎的目的而形成的稳定群体规模相当小(可能由5~15个成年个体组成)。黑猩猩在捕猎猴子时会合作(至少在某种程度上是如此),但也有充分的理由认为这是一种衍生利益,而非选择群居生活的主要因素。抛开大多数黑猩猩种群其实很少捕猎这一事实不谈,黑猩猩的稳定群体中实际参与捕猎的个体数量(通常最多只有6个雄性个体)非常少,相比之下,它们的群体非常大(有50个甚至更多的个体)。

另一个主要的非生殖原因是防御捕食者,这可能是迄今为止动物群居的最常见原因。在灵长类动物中,群体的大小与环境中的捕食风险相关,一些生活在稳定群体中的羚羊可能也是如此。有迹象表明,被捕食对灵长类动物来说是一个严重的问题,在存在捕食风险的地区,群体成员会聚集在一起,并更快地移动。在大多数情况下,群体只是起到威慑的作用,而不是主动驱赶捕食者(见问题83)。一些物种(如海狸、珊瑚和白蚁)占据着群体成员共同建造的防护结构,在那里它们可以安全地生活。

所有的利益都是通过群体水平(或群体放大)的选择产生的。个体相互合作比独居生活更有利于最大化适合度(见问题

73)。然而,一个显而易见的问题是,如果社会群体的进化是为了实现动物的一项基本功能,那么它们不会趋向于生活在更大的群体中。大多数此类动物的群体规模平均只有10～20个个体,几乎没有超过50个的情况。与之形成对比的是,据说19世纪的美洲野牛、俄罗斯的高鼻羚羊和东非的角马的群体规模会达到100万个个体——这些物种的个体都生活在不稳定的、特征不明显的群体中,个体之间没有固定的关系(当然,除了母亲和它们的后代)。

82. 为什么群体规模不能无限变大?

答案是经典的进化权衡。自然选择的压力(通常是最小化捕食风险的需要)支持更大的群体,但是大群体的生活成本最终又限制了它们的规模。这些成本包括四个方面:时间、食物、生殖力和认知。

尽管时间经常被生态学家所忽视(他们要关注栖息地的丰富度和能量流动),但时间对大多数大型动物来说是一个主要限制因素,因为它们必须在规定的生理活动周期(通常是24小时)内做完所有它们需要做的事情(觅食、运动、休息、"社交"等)。这些时间需求反映了环境中的觅食质量,也反映了动物生理上的其他环境需求。生理限制的一个例子是反刍动物(例如牛、羚羊、鹿)需要较长时间来消化它们所摄入的食物。

如果植被质量差,那么营养吸收率就低,动物需要花费更多的时间去觅食才能满足日常的营养需求。结果,动物将不得不花更多的时间迁徙,因为它们会很快耗尽一些植被斑块,从而需要寻找一个新的植被斑块。此外,不利的环境条件可能会迫使动物中断觅食,例如在一天中温度最高时(通常在中午)避暑休息。

生活在依赖社群关系的社会群体中的物种,面临着另外一个限制因素:为建立社群关系而在社交修饰上投入的时间(见问题86)相当多,并且随着群体规模的增大而增加。我们人类清醒的时候,大约20%的时间用于社交。如果社群关系的质量取决于投入的时间(在猴、猿和人类中就存在此类情况),那么可用于社交的时间(考虑到觅食以及环境条件或生理活动带来的休息时间)将限制一个稳定群体能达到的规模。

突破这个无形限制的"玻璃天花板"需要一种更有效的利用时间的方法,这可能涉及饮食结构或消化功能的改变、体型的增大(以利用规模效率)、迁徙成本的降低或社交效率的提高。每一种方法都可能与其成本相关联,形成了一个反馈回路。例如,体型大小的增加需要更多的营养来为更大的身体提供能量，这意味着要花费更多的时间去觅食和迁徙(除非你转而利用富含更多能量的食物)。在生物学中，没有任何东西是没有成本的。

群居对生殖力尤其对雌性生殖力的影响是第三个限制因素。生态学家倾向于假设群居生活的成本总是生态学方面的成本(竞争食物和最安全的栖息地)，但实际上与群居生活的生殖成本相比，生态学成本都是微不足道的。支撑哺乳动物月经周期的内分泌系统处于一种微妙的平衡状态，很容易被生理压力和心理压力扰乱。这是雌性在妊娠期和哺乳期停经这个机制的副产物。这个系统似乎很容易被群体中的个体冲突造成的压力所限制。

当然，这个问题可以通过调整内分泌系统的灵敏性来解决，但这会影响到停经机制，该机制保证母亲一次只能喂养一胎后代。对于像猴和猿这样具有较长生殖周期的大脑袋物种来说，任何导致下一次生育推迟的行为都意味着适合度的显著减小。例如，大多数大体型的灵长类动物一生中只生育大约 5 个后代，所以即使只损失 1 个后代，它们的适合度的减小比例也很高。

这种压力的影响导致所有哺乳动物群体中雌性个体的数量与整个群体的生殖力之间呈负相关。当其他条件相同时，这种影响似乎将群体中雌性可育个体的数量上限限定在5～6个(因此群体规模为15～20个)。一个简单的折中方案是生活在灵活的分裂-融合型社会群体中(就像群居物种一样),因为这样可以使个体在压力太大时离开,在压力较小时重新加入。然而,这个方案不适用于个体联系紧密的物种,在这类物种的群体中,个体的离开和加入通常会受到群体成员的排挤,它们会排斥试图加入的陌生个体。生活在大规模群体中的少数物种(如猴和猿)通过结盟来缓解雌性受到的生殖压力,从而解决了这个问题。然而,这并没有完全解除生殖成本的限制:仅仅是将完全解除限制的时间推迟到形成更大的群体规模之时。

最后,至少对猴和猿这样高度社会化的物种来说,群体规模也可能被动物管理其社群关系的能力所限制,以及某种程度上,依赖于脑容量决定的认知能力(见问题85)。高度社会化的物种只能通过形成更大的大脑来解决这个问题。然而,大脑的能耗很高(见问题71),因此动物需要摄入更多的食物:食物的可获得性决定了这个物种是否能够长出更大的大脑,这让我们回到了时间成本。正是这些反馈回路产生了大部分成本,使得进化对所有物种来说都是一场艰苦的斗争:在生物界,没有免费的利益。

83. 大群体如何避免“公共物品困境”？

一个稳定的社会群体可以被形容成一家合作企业。如果真是这样，那么社会群体就会陷入经济学家所说的“公共物品困境”，它们将面临“搭便车”的风险。“搭便车”的个体从合作企业中获益，却没有付出相应的代价。由于这是遗传利他行为的一种形式，这些行为应该在选择中处于不利地位。如果“搭便车”的频率变得太高，这个群体就会瓦解，因为有“责任心”的个体将不愿意承担所有负担而让那些“搭便车”的个体什么都不做就能得到好处(见问题 73)。这将把社会群体的规模限制在一个非常低的水平，并可能将它们限制为一夫一妻制(其唯一的功能是繁殖)或合作狩猎的小群体——换句话说，目标非常有限和直接的群体。

如果对捕食者的防卫是基于群体成员的主动防御，那么“搭便车”的问题肯定会出现：那些退缩并让其他个体冒险与狮子对抗的个体，将受益于主动防御者的利他行为。事实上，大多数反捕食者策略是被动的：通过简单聚集，动物制止了捕食者的攻击。这是因为捕食者更喜欢攻击落单的个体，一个原因是不被跑在落单个体前面的其他个体分散注意力，另一个原因是大多数捕食者想要一种自己捕捉到猎物的惊喜。每种食肉动物都有自己喜欢的攻击距离，这反映了它们的捕猎风格，对掩护物的利用能力，以及发起攻击的速度。有更多双眼睛的群体更有可能发现捕食者的到来，因此有时间采取规避行动。例如，许多鹿和羚羊的尾巴下面是白色的，它们在逃跑时会向捕食者发出信号，让捕食者知道自己被发现了（这是一种表明“现在发动攻击没有意义”的信号）。

为了寻找一种不与“公共物品困境”相冲突的行为合作进化的解决方案，动物已经“大费周章”。然而，这一切努力似乎都白费了，因为大多数社会群体本质上不是合作企业。对于选择生活在稳定的社会群体中以便于御敌的物种（如灵长类动物）来说，它们面临的问题实际上是协作问题，而不是合作问题。合作总是受制于“公共物品困境”，但协作不会。个体要么在群体中，要么不在群体中，获得群体带来的利益的唯一途径就是加入群体，不可能不劳而获（这是造成公共物品困境的原因）。个体必须和其他个体在一起努力才能获得利益（和其他个体协作获取利益）。

这种协作当然会产生成本，但这不是不劳而获的成本。这种成本是一种被打乱的时间预算：群体可能不得不迁徙到更远的地方，因为一个大的群体需要更大的活动范围来让每个个体都找到它们需要的食物，而且当群体休息或迁徙时，个体必须愿意待在一起，即使它们更喜欢做其他事情。这个成本可不低。它需要紧密的联系来激励个体与朋友或家人待在一起，也需要理解行为后果的认知能力，以及阻止破坏群体稳定的行为（如其他个体想休息时游荡离群）的能力。实际上，能够用短期损失来换取长期收益，这种认知难度较大的盘算可以解释为什么只有脑容量大的物种可以组成大群体。

对于那些分裂-融合型社会群体来说，这不是问题，因为个体可以根据自己一时的兴趣加入和离开群体。这是群居动物

羚羊

鹿和羚羊在繁殖季节之外表现出性别隔离的主要原因,因为雄性动物通常比雌性体型大(它们的交配制度往往是以竞争为基础的比赛——雄性之间相互打斗),在反刍之前,雄性要比雌性花费更长的时间来填饱肚子;结果,雄性在雌性休息了很长时间后还在继续觅食,并逐渐离群,留下雌性。通过配对形成社会群体的小羚羊是单型的(雄性和雌性体型相同),这就减少了一方在另一方休息时继续进食的需要。

84. 社会生活复杂在哪里?

虽然关于加入和离开群体的成本与利益的许多规则对临时群体和配对群体来说是通用的,但在临时群体(为一些短期利益而临时聚集,一旦利益终止就再次散开)和稳定群体(即使没有直接的利益,凝聚力也不会随着时间的推移而减弱)之间存在一定差异。

临时群体(或分裂-融合型社会群体)具有认知成本小、灵活性大的优势,这使得群体生活的生态和生理成本得以消减。但临时群体缺乏确定性:风险在于,当捕食者碰巧出现在不远处时,个体可能会发现自己身边没有同伴。更糟糕的是,即使碰巧有同伴,也不能保证当捕食者出现时同伴会一起防御捕食者。临时群体中的个体大多遵循“人人为己”的策略，而不是“人人为我，我为人人”的策略。生活在一个稳定群体中会产生大量成本（容忍其他个体、对其他个体守诺、应对被打乱的时间预算），这需要进化出一个大容量的大脑来应付。但稳定群体的优势是，同伴肯定会一直在附近，不会悄无声息地离群。问题是这种社群关系必须在需要同伴之前就提前建立好了。

如果捕食风险增加，就需要一个更大的群体，那么也必须找到一些解决方案以降低群体生活产生的生殖成本（见问题82）。虽然群体规模可以扩大，但只能达到下一个阈值水平，因为总会有一个这样的阈值状态。事实上，灵长类动物群体规模的分布是由一系列非常具体的值组成的，这些值似乎对应一组自然最适条件或阈值。灵长类动物，或许还有其他少数哺乳动物（包括马和大象）降低生殖成本的方式是，雌性形成保护联盟，或者在少数情况下，与实际上充当保镖的雄性形成保护联盟（后者的例子包括大猩猩和狒狒）。

这些建立在社交修饰基础上的联盟本质上是一种平衡状态的行为：个体与同伴保持一定的距离，不会因为靠得太近而带给同伴压力，也不会将同伴完全驱离群体（这意味着失去了群体提供的好处）。社群关系的管理是很复杂的。实际上，社群关系的管理需要有能力预测个体行为的后果（并评估替代方案),同时遏制以长期成本为代价换取短期利益的行为。

在较大的社会群体中,联盟的形成为群体的社群网络创造了一个分层结构:个体不会与其他所有个体互动,而是与其核心联盟的同伴进行互动。个体与其他联盟的个体之间的关系是虚拟的,可以通过第三方来管理(例如,通过观察第三方互动、信誉和推断其他个体之间的关系等途径来管理)。维持虚拟关系需要个体在虚拟世界中模拟其他个体的意图,因为个体只能通过观察到的行为间接了解其他个体的意图。在人类中,神经影像学研究已经证明,在认知方面,建立心理行为背后的关系模型比操纵物质世界的事实信息的要求高得多,它需要更多的神经元参与调控。

85. 为什么有些动物的脑容量非常大?

在某些动物中,一直存在着进化出更大的脑容量的压力。随着地质时间的推移,猴、猿、大象、马、骆驼以及齿鲸(海豚、鼠海豚等)的脑容量都增加了(无论是绝对脑容量还是大脑占身体比例的相对脑容量)。其他物种(如猫、狗、鹿和羚羊)在它们的整个进化历史中,相对脑容量几乎没有变化。这些进化出更大的脑容量的动物都是具有密切社群关系的现生物种。它们形成一些群体,其中个体之间,说得好听一点,有着亲密的“友情”。脑容量较大的各种动物在生态学的各个方面几乎没有相似之处。

脑容量较小的物种之间也存在着这样的差异,犬科动物(包括狼、郊狼、豺狼和狐狸,以及我们更熟悉的家庭宠物狗等)的脑容量比猫科动物更大,原因是犬科动物主要实行一夫一妻制(终身伴侣关系),而猫科动物(除了脑容量较大的狮子)是独居生活的。配对关系的建立十分复杂,需要通过大量的调控来有效地管理,因此需要较大的脑容量。我们在羚羊、蝙蝠和鸟类身上发现了同样的规律:一夫一妻制物种总是比不形成实质性关系的混交制物种拥有更大的脑容量。一夫一妻制的鸟类尤其能说明这一点:终身配对的物种(鹦鹉、鹰、乌鸦等)比每年寻找新配偶的物种(大多数较小的庭园鸟)拥有更大的脑容量,因为众所周知,维持成功的终身伴侣关系在“认知”方面要费力得多,而两者又均比混交制物种拥有更大的脑容量。

只有少数物种(猴、猿、马、大象、海豚等)的群体,其脑容量比基于亲密关系的配对群体的更大。前者的群体规模通常为5～100个个体,绝不会像许多体型庞大的有蹄类动物随机聚集的群体那么大。在灵长类动物中,一夫一妻制物种的脑容量最小,因为它们只有唯一的亲密关系需要打理,而生活在大群体中的物种的脑容量要大得多，因为它们必须相应地打理更多的关系。在猴、猿和鲸中，社会群体的大小与脑容量的大小密切相关，这种相关性是“社会脑假说”的一部分。

还有一种可能是，动物需要大的脑容量，以便采用更复杂的方式觅食。正如在灵长类动物中反复观察到的那样，觅食技能的复杂程度确实与脑容量的大小相关，但由于社会群体的大小也与脑容量的大小相关，这就促使我们去探寻两者是否独立促成物种进化出更大的脑容量，或者它们之间是否有其他的关系（例如一个是原因，另一个是约束或结果）起作用。这里有一个关于我们如何检验进化假说的经验教训。如果后者是事实，但我们却把前者当作事实，那么我们就可能混淆杜布赞斯基提出的识别适应的两种方法（结果与过程，见问题 12）。当我们进行这样的检验时，需要绝对确定我们是在进行同类比较，否则，我们就是在进行 GIGO（garbage in，garbage out；垃圾进，垃圾出）科研。

事实上，如果我们分析正确的话，就会发现在现生物种中，觅食技能限制了脑容量的大小，而脑容量的大小限制了群体规模的大小。当然，从进化的角度来看，因果关系是颠倒的：在大群体中生活的需求让物种选择了大容量的大脑；如果想要一个大容量的大脑，就需要解决如何获得大容量的大脑生长和维持所需的更多营养的问题。这很可能意味着必须改变饮食习惯，提高营养吸收率(如从食叶转变成食果)或使用更高超的觅食技能(例如，能够绕过植物的防御系统或学习预测果实成熟周期)。

重要的是要弄清楚，“社会脑假说”是一种生态学假说。它以生态问题为主要驱动力，以社会性问题为解决方案。群居生活本身并不是目的——它会产生太多的成本(见问题 83 和 84)。这里的关键问题是，动物的生存和适合度是否受到觅食需求或捕食者的强烈影响，以及无论在哪种情况下，它们是通过个体试错学习还是依赖群体中的其他成员解决这个问题的。“社会脑假说”首先明确指出捕食风险是主要驱动力，群居是解决这个问题的办法(见问题 81)。然后，它确定了维持群体在时间和空间上的完整性是动物实现进化目标必须解决的主要问题，而进化出一个大容量的大脑是解决这个问题的方案。因为更大容量的大脑需要更多营养，这就产生了一个需要解决的问题——觅食。因此，觅食需求是进化出大容量大脑的制约因素，而不是有利于进化出大容量大脑的选择因素。

“社会脑假说”基于我们的脑容量的大小，具体地预测了人类社会群体的自然规模(应该是 150 人左右)。这一预测已被人种学、历史学和社会学研究的证据所证实。这些证据涉及现代社会中个人社交网络的规模、古代和当代社会中传统小型社区的规模。此外,十几项神经影像学研究表明,在人类和猴中,"社会脑假说"在物种内部和物种之间都是成立的:社会群体规模的差异与大脑关键区域的容量相关,特别是参与心理调控的区域(见问题 69 和 84)尤为重要。

大型社会群体中的关系管理需要大容量大脑,既是因为第三方关系(朋友的朋友)的数量随着群体规模的扩大而迅速增加,也是因为需要保持个体相互协作并防止个体逐渐疏远(见问题 82)。这在认知方面属于很艰巨的任务,需要社交技巧,而这些技巧在简单的分裂-融合型社会群体中并不需要。事实上,社交技巧是如此难以掌握,以至于个体在成年之前需要通过长时间的社会学习来掌握社交技巧并付诸实践。这似乎是灵长类动物有较长的社会发育期的主要原因(对人类来说,社会发育期占据了生命最初 25 年的大部分时间)。

86. 动物是如何把群体联系在一起的?

在灵长类动物(可能还有马甚至大象等物种)中,使稳定的社会群体得以形成的亲密关系,通常是通过一些社交修饰行为或其他形式的身体接触来实现的。通过实验操作(猴)和大脑成像(人)研究,我们知道内啡肽活化是社交修饰行为的核心:当我们被抚摸时,大脑的内啡肽受体会被激活。这种反应是由一个高度特化的神经系统调控的,即C类触觉系统。这个系统非常地不一般:它的受体主要存在于多毛的皮肤中,它的传入神经元没有髓鞘(因此传递速度非常慢),只对轻柔的、速度为每秒2厘米的缓慢抚摸做出反应。而且与其他所有外周神经不同的是,C类触觉系统没有传出神经元(当你的手被火灼烧并感到疼痛时,传出神经元会传递信号,让你将手从火上拿开)。

内啡肽使人产生放松感和共同参与一项活动的满足感(个体之间因此产生信任感)。内啡肽连接最初可能是为了促进哺乳动物母子间的联系进化而来的。大多数哺乳动物主动舔舐和拥抱幼崽,这样做可以让幼崽平静下来。这也是人类婴儿在摇晃中会平静下来的原因,事实也证明,人的内耳充满了C类触觉纤维受体,当头部以规律的方式移动时,这些受体就会被激活。高度社会化的物种似乎都采取了这种机制,以便管理成年个体之间的紧密社群关系,也许因为社交修饰行为引起的内啡肽激增,由此产生的放松感与平静感可以让个体之间自然地产生信任感。

实际上,内啡肽是大脑疼痛管理系统的关键组成部分。因此，内啡肽在运动锻炼后被激活就并不奇怪了。事实上，它们可以用来解释“跑步者高潮”现象——在长跑中的某个时刻，身体上的压力突然消失时，你会觉得自己可以毫不费力地永远跑下去。由于社交游戏涉及剧烈的运动和社交接触，因此内啡肽也可能是社交游戏带来乐趣的关键所在。

在灵长类动物中，理毛行为与社群关系密切相关，用于理毛的时间（再次回到时间成本上）随着社会群体规模的扩大而增加。然而，这并不是因为个体必须给群体中其他所有个体理毛。相反，理毛行为反映了这样一个事实，即个体对社会群体中的核心同伴的投入更多。核心理毛伙伴的数量不会随着群体规模的扩大而增加，但来自其他个体的压力会增加，这需要一个规模相应更大的联盟来抵消这些压力。事实上，在大群体中，动物个体会更多地与关系亲密的同伴一起理毛，这似乎反映出它们需要确保与这些伙伴之间的关系尽可能亲密，这样它们才能在真正需要同伴的时候得到回应。而群体中的其他关系是通过第三方来管理的，即通过观察第三方互动、信誉和推断其他个体之间的关系等途径来管理的（见问题 84）。

有大量证据表明，灵长类动物雌性的生育能力、自身寿命以及后代活到成年的可能性都与其拥有的同伴数量有关。同伴多的个体，甚至伤口的愈合速度也更快。换句话说，对于这些高度社会化的物种来说，决定雌性适合度的一个关键因素是雌性的社群关系网络，以及雌性用来建立和维护社群关系网络的社交技能。雄性的情况并非如此，它们的适合度通常取决于它们竞争配偶的能力。

人类的社群关系也是如此，花在朋友身上的时间与我们和朋友的亲近程度以及我们帮助朋友的意愿有关。我们将全部社交努力的40%(无论是以时间还是情感来衡量)仅贡献给了5个人，他们组成了我们的支持团体(我们在情感、社交和经济上依赖于他们的支持)。而且，和其他灵长类动物一样，我们的亲密朋友的数量极大地影响着我们的健康、幸福，甚至寿命。

然而，动物可用于管理这种社群关系的时间受到它们的其他需求的限制(见问题83)，这也是限制猴和猿的社会群体规模的主要因素。像疣猴这样的食叶物种不得不将一天的大部分时间用于休息，因为它们需要在完全静止的状态下消化所吃的叶子(就像牛反刍一样)。这使得它们什么事情都干不了，用于社交的时间非常有限，因此它们只能在规模为10～15只的小群体中生活。像狒狒这样的食果物种就避免了这个问题，因为水果中的营养物质更容易摄取，这样它们有更多的时间进行社交互动(和玩耍)，所以可以生活在更大的群体中。即便如此，狒狒的社交时间也将其群体规模限制在50只左右。

87. 那么，人类是如何将更大规模的群体联系在一起的呢？

如果用于理毛的时间将最具社会性的猴和猿的群体规模限制在 50 只左右，那么我们人类究竟是如何将由 150 个朋友和家人组成的群体（更不用说我们现在生活的大型社区了）联系起来的呢？

我们知道人类使用同样的联系机制，因为人类脑扫描研究表明，缓慢的抚摸会引起大脑中的内啡肽激增。我们还知道，人类的依恋方式（在人际关系中表现得有多热情或多冷淡）与大脑（尤其是额叶）中内啡肽受体的密度有关。表现得冷淡和疏远的人，大脑中的内啡肽受体较少，好像他们很快就消耗掉了这些受体，然后不想再维持关系了。我们还知道，人类拥有的朋友数量与他们的绝对疼痛阈值（本身就是内啡肽受体密度的指标之一）相关。

因为理毛（就像人类的拥抱一样）是严格的一对一活动。从物理上讲，一个个体不可能同时以同等强度为另两个个体理毛（不信可以试一试，我可以保证被理毛的两个个体中的一个会感觉到被冒犯，因为理毛的个体没有给它足够的关注）。这就为通过社交修饰行为建立联系的社会群体设定了一个规模阈值，其上限在 50 个个体左右。为了打破这个上限，以便能够将 150 个个体联系在一起，我们的祖先必须找到不需要身体接触就能激活内啡肽系统的方法。如果这可以远程完成，那么几个人就可以同时被“理毛”了。自从我们的社会群体规模首次突破 50 人的限制以来，在过去的 200 万年里，我们似乎找到了很多种这样的方法。

这些方法包括欢笑、跳舞、歌唱（不用语言）、讲故事，以及聚餐，这些都会激活内啡肽系统（有时甚至比理毛的效果更好）。这些方法有同一个优点，那就是我们可以激活别人（以及我们自己）的内啡肽系统，而实际上无须接触他们。这意味着我们可以同时为更多的人“理毛”，让我们可以更有效地利用我们的社交时间。欢笑群体（在社交场合一起笑的人）和讲故事群体规模差不多（4 人左右）；跳舞群体大约有 8 人；歌唱群体的规模大得多，也许有几百人。

欢笑似乎是最原始的交流方式

其中,欢笑似乎是最原始的交流方式(它是最发自内心的,也是最不可控的,是人类和猿共有的交流方式),可能在大约200万年前随着人属首次出现而出现。因为歌唱和跳舞需要更大的群体规模,所以这两种方式可能在50万年前古人类出现后很久才被逐渐添加到交流工具中。聚餐和讲故事,以及语言的运用,可能是随着现代人类的出现而更晚出现的。

88. 如何解释欺骗行为的进化?

当"社会脑假说"(见问题85)首次被提出时,它实际上是假设动物凭借高于其他动物的智力窃取后者的食物和其他资源。正是这种"政治阴谋"含义导致"社会脑假说"被称为马基雅弗利智力假说,这是以中世纪晚期意大利政治哲学家尼科洛·马基雅弗利(Niccolò Machiavelli)的名字命名的。

"社会脑假说"的初始含义的问题在于,盗窃和欺骗是对社会生活的破坏,不可避免地会导致群体的解体而不是导致稳定。这是一种"搭便车"的方式:我承担所有艰巨的工作,挖出一些美味多汁的根,你却从我这里偷走了它。换句话说,这将是群体生活的另一种成本,不论群体能提供什么好处,都将限制群体规模,就像生殖力这个核心问题一样(见问题82)。

真正的问题是，只有当你真的与某人生活在一起时，你才能利用他，所以群体生活一定是在马基雅弗利式行为之前进化而来的。无论是基于进化论还是心理学，你都不能出于利用某人的目的主动邀请他加入你的群体；但是一旦他加入你的群体，你就可以利用他。如果马基雅弗利式行为确实需要一个容量比一般人更大的大脑，那么加入一个依赖大容量的大脑才能保持稳定的群体，就是一种自然的进化发育事件了。

然而，反社会（或自私）说谎和亲社会说谎之间有重大区别。两者的区别在于说谎者的意图：反社会说谎的目的是以牺牲他人为代价获得利益，而亲社会说谎的目的则是在关系已经或可能被削弱的情况下修复关系。后者的例子包括说某人看起来好看，而事实上你对他的新发型或新衣服并不感兴趣（但你不想这样说，因为这样会让他不安），这样说可以掩饰细微的轻率或疏忽（以避免引起不必要的争论）。也许，你为一篇网络博文点击“喜欢”的原因是你不想让你的朋友不安。换句话说，这一切都是为了调和那些容易被误解并在无意中破坏关系的日常琐事。

群体稳定性依赖于一个非正式的社会契约——一个不成文的、心照不宣的关于良好行为和诚实表现的协议。我们似乎对违反社会契约的行为特别敏感：人们通常不擅长解决抽象的逻辑难题，但当同样的逻辑问题以社会困境的形式出现时，我们完全可以正确地解决它。我们对自己被人发现违反了社会契约也很敏感：对许多人来说，避免内疚和尴尬是遵守契约的强大动力——甚至，也是事实上，似乎只要在公共场所安装监控就足以减少小偷小摸和乱扔垃圾的现象（眼睛效应）。我们有一个机制（比如八卦）来确保违反社会契约者的不良行为在网络上传播。这些都构成了我们人类进化出来的保护机制的一部分，以防止欺骗者和“搭便车”者破坏我们社会群体的完整性（和规模）。

乱扔垃圾是一种违反社会契约的行为

因为在稳定的社会群体中生活更依赖于信任(我相信你不会利用我),所以我们使用大量的线索作为快速指南来判断他人是否可信任,其中大多数线索源于文化。这些线索似乎可用于识别我们成长所在的群体,也可用于识别我们足够了解并完全信任的人群。这些线索包括拥有相同的方言,在同一个地方长大,有同样的教育经历、同样的兴趣爱好、同样的道德观、同样的幽默感、同样的音乐品位等。这些与我们的民间故事和社会历史一起,构成了“友谊七柱”(决定友谊强度的七项指标),组成了关于我们是谁以及我们是如何形成的等文化世界观。我们与某人共享的线索越多,我们就越信任他,他就越有可能成为我们的好朋友,我们就越有可能与他互利。

89. 灵长类动物的社会是如何进化的?

灵长类动物是最古老的哺乳动物谱系之一,它们的起源可以追溯到恐龙灭绝之前(见问题 47),尽管这些非常早期的古代灵长类动物更像松鼠,而不像猴。恐龙消失后,这些早期灵长类动物开始分化,在大约 5500 万年前的始新世,出现了早期的真正的灵长类动物(现代的灵长类动物)。这些早期的灵长类动物都属于原猴类动物,而且和原猴类动物的现生物种(马达加斯加的狐猴和非洲大陆的婴猴)一样是夜行动物(这从它们非常大的眼睛中可以看出来),体型小巧,在树上跳来跳去(很像松鼠),可能都是独居生活的。

大约 4000 万年前,灵长类动物(猴和猿)的兴起主要与其昼伏夜出的生活方式有关,这种生活方式的基础是发达的色觉以及食性由食虫转向食叶和食果。最早的物种仍然是树栖的,生活在茂密的森林中,这和它们的许多后代一样。然而,随着大约 2000 万年前气候变冷,一些谱系向下转移到森林地面,并从森林转移到邻近的林地和草地。每一次转移都伴随着更高的捕食风险、更大的群体规模、更复杂的社会系统和更大的脑容量(见问题 81 和 85)。

所有这些谱系中社会群体的进化似乎都遵循着非常相似的轨迹。随着捕食风险的增加,独居个体首先形成小的多雄或多雌群体,然后形成更大的群体。虽然群体规模不太大,但物种可能会在有几个成年雄性个体的群体和只有一个可繁殖雄性个体的群体之间来回切换,这主要取决于单个雄性个体是否能够成功地保护群体中的雌性个体免受竞争者的攻击(见问题78)。然而,在幼体被捕食风险的压力下,多雄群体有时会分裂成多个通过生殖配对结成的小群体,占据不同的领地,每个雌性个体都有一个雄性个体充当它的"保镖"(保镖假说)。

然而,在灵长类动物中,一夫一妻制的配对结合在种群统计学和认知上似乎是一个死胡同,因为进入这一配对关系的物种似乎永远不可能退出一夫一妻制并回到任何其他形式的社会安排中。走上这条路的物种似乎永远被困在那里。而有蹄类动物就不是这样的,进入和退出一夫一妻制似乎很常见。在灵长类动物中,对终身一夫一妻制的心理需求似乎与有蹄类动物大不相同,以至于灵长类动物需要改变脑回路,而这种改变是不可逆的。这可能是因为灵长类动物早在选择一夫一妻制之前就已经进化出了这种配对关系。相比之下,有蹄类动物个体之间的关系要随意得多,所以它们对一夫一妻制的心理需求可能不那么强烈。

由于母体生殖投入期(妊娠期和哺乳期)长,雄性杀婴是存在于哺乳动物中的一个普遍问题。对于大多数哺乳动物来说,这是一个相对较小的风险,但对灵长类动物这样脑容量较大、生育间隔很长的物种来说,就会成为一个严重的问题。只要幼崽继续吃奶,就会扰乱月经内分泌系统,造成停经(见问题82)。在所有哺乳动物(包括人类)中,这种机制是由幼崽吮吸乳汁的频率决定的:生育和不育之间转换(反之亦然)的关键频率是每4小时吮吸一次,而幼崽每次吮吸乳汁的时间长短似乎并不重要。

正因为如此,杀婴行为已成为灵长类动物社会进化的一个主要因素。雄性在接管一个社会群体时，通过杀死不能独立生活的幼崽来重置雌性的生殖系统和内分泌系统。雌性将在几周内重新开始月经周期，并将在几个月内怀孕。对于一个繁殖时间通常只有两三年的雄性来说，等待幼崽停止吮吸乳汁需要一两年，这意味着雄性的适合度会有巨大的损失。让雌性尽快生育的进化压力是巨大的，这种压力随着雌性正常生育间隔的延长而加大。在雌性形成联盟的物种中，雌性通常会联合起来对抗杀婴的雄性。尽管当雄性的体型比雌性大得多时，这样做并不总是有用。这是两性冲突的一个典型案例(见问题 77)。

90. 人类社会进化了吗?

在过去 1 万年里，人类社会已逐渐从典型的狩猎采集者组成的分裂-融合型社会群体(100～200 人组成的社区分布在 3～4 个小型营地群体中，每个家庭在合适的营地群体间移动)发展到村庄、城邦、王国等定居点，并最终发展成我们大多数人现在生活的民族国家形式。维多利亚时代的人认为这是一个自然的进化顺序。然而，进化几乎从来没有以这种顺序所暗示的方式发展，所以我们也许应该怀疑这样的说法。

思考这个问题的一个更好办法是，从社会群体的功能(或适合度)来看待这个问题。在几乎所有的鸟类和哺乳动物中,动物群居生活是为了防御捕食者。群体的规模反映了捕食风险的大小。历史社会学家认为,新石器时代向定居点的进化,以及定居点规模的逐渐增大,是邻居突袭的结果。换句话说,随着人类作为一个物种变得更加成功以及人口密度的增加,越来越多的人类成了捕食者,取代了传统捕食者的地位,这迫使分散的营地群体聚集到村庄里,在那里他们可以更有效地御敌。欧洲遗存的大量铁器时代的堡垒说明了在定居点出现后的几千年里,这个问题一直存在:这些堡垒总是建在防御阵地上,许多壕沟里布满了箭和被大火摧毁的证据。

就像所有的生物过程一样,某种事物的工作方式的任何改变都会对系统其他地方产生不可避免的影响。定居点规模的扩大至少引发了三个方面的主要问题。第一个问题是生态问题:如何养活一个人口密度大的庞大人群。从核心栖息地向外觅食不可避免地会破坏离中心最近的环境,因此,随着时间的推移,个体不得不到越来越远的地方去觅食,从而再次暴露在袭击者和传统捕食者的攻击风险中——这正是定居点旨在避免的问题。解决这个问题的办法是发展农业,或者至少强化当时狩猎采集者已经在进行的零散农业。第二个问题是比邻而居的压力(见问题 82),生活在一起不可避免地会导致小吵小闹的频率增加,甚至出现赤裸裸的暴力行为,因为人们会对彼此越来越失望。第三个问题是一个简单的协调问题:如何让所有人想法一致,尤其是如何防止人们因各种压力而离开,从而失去生活在一个大群体中的防卫优势。一个解决办法是形成社会等级制度,在这种制度中,一个有魄力的首领将他的意志施加给社区,带来一定程度的群体稳定性,随之而来的必然是形成法律和军事力量的保障,与此相关的还有宗教的进化。

对太平洋的南岛民族和波利尼西亚人的社会发展历史进行的详细统计分析表明,这些社会在不同的地方沿着相同的轨迹一步一步地进化,从没有正式社会结构和首领的简单乡村社会逐步发展到简单的酋邦,然后是具有礼仪和等级制度的复杂的酋邦,最后发展成完全成熟的国家。这种社会结构上的变化是出于社区增大以后管理越来越多关系的需要。这一点也可能得到以下事实的证明:当国家走向衰落时,随着人口规模的减小,社会通常会以与进化相反的顺序退化。

一些社群(如北美洲赫特人的社群)故意回避了这个问题。一旦社群人口超过150人,他们就将这个社群分成更小规模的社群。他们这样做正是因为他们不想形成等级制度和法律,以免他们的社群事务与关系受制于等级制度和法律。

10 文化的进化

91. 文化会进化吗?

文化被定义为我们可以习得的行为和信仰的方方面面——通过模仿和传授在父母与子女之间或者两个不相关个体之间传播。由于进化只是意味着性状随时间的推移而变化的方式,而所有的文化现象都随时间的推移而变化,因此进化生物学家便自然地对文化进化产生了兴趣。关于文化进化,即文化在几千年间代代相传的过程中所经历的变化,有两个得到了充分研究的例子,那就是民间故事和语言。

《善良女孩与刻薄女孩的故事》(或《两姐妹的故事》)这个民间故事在整个欧洲存在700多个版本。它们显然都起源于几千年前的同一个初始版本——可以想象,初始版本的出现时间甚至可能早于6000年前使用现代欧洲语言的人到达欧洲的时间。约9%的故事结构变异可以用地理种群间的差异来解释(与我们在人类种群间发现的遗传变异比例相同),这可能反映了与遗传漂变非常相似的现象。随着民间故事在时间及空间上离它们的起源越来越远,它们在叙述中以一个大致恒定的速率积累错误和变化。人类文化语言学分类也解释了其中的一些变异,揭示了随着语言的扩散和分化,民间故事的特定版本作为文化遗产的一部分通过语言谱系被传承下来。

语言是文化进化的一个典型例子。举几个有争议的例子，当今世界在使用的语言大约有6000种，而已经灭绝的语言的种数可能是这个数字的许多倍。尽管这些语言互不相通（这就是语言的含义之一），但基于它们在词汇和语法上的相似性，可将它们归为大约60个语言家族，以及六大“语言门”（language phylum）的超级语言群。

语言可以以这种方式分类最早还是18世纪威尔士的法官和语言学家威廉·琼斯（William Jones）认识到的。他在印度工作时，发现梵语与拉丁语、希腊语、现代波斯语和北欧的多种语言共用许多单词。基于此，他提出这些语言构成了一个独立的祖先语言群，即现在所称的印欧语系（几种主要的“语言门”之一）。印欧语系包括大部分（但不是全部）现今在欧洲大西洋沿岸和孟加拉之间的区域使用的语言，包括现今的伊朗、阿富汗和印度北部平原所使用的多种语言。通过从这些语言中选取常用的单词重建其原始词汇，可以推断出这些语言可能起源于一群生活在俄罗斯大草原的以牧马为生的牧民，他们在大约4000年前经历了一次快速扩张，并向西部扫荡，使得他们所使用的语言取代了欧洲几乎所有的语言，并向南传入印度及其邻国。

这类文化进化与更传统的遗传进化有许多相似之处。这些相似之处包括我们从文化“父母”(无论他们是否与我们有血缘关系)那里继承了我们的文化信仰和行为方式,文化信仰倾向于“纯育”方式(文化“后代”与他们的文化“父母”有相同的信仰),它们似乎以量子形式呈现(我们继承了一整套信念,就像我们完整地继承了一个完整的生物特征,比如完整的耳朵或眼睛,而不仅仅是它的一部分),并且随着时间的推移,这些信仰会因模仿错误(突变)而发生改变,这与遗传漂变非常相似(见问题29)。理查德·道金斯(Richard Dawkins)将这些文化量子命名为“模因”(memes),与“基因”类似。尽管“模因”一词在进化研究领域得不到支持(主要是该词的定义相当模糊),但它作为一个文化术语是有用的。

然而,文化进化与遗传进化在几个重要方面有所不同。文化进化的速度要快得多(当文化在一些人之间通过快速演替进行传播时,文化的“世代时间”可能只有几分钟,而至少在人类中,遗传的世代时间长达25～30年)。文化传承并不总是垂直的(从父母到后代),它也可以是水平的(在两个不相关的平辈之间)或呈对角线的(在一个年长的老师和一个与他没有血缘关系的年轻学生之间)。当然,文化传承与病毒将基因从一种生物体甚至物种传递到另一种生物体或物种有着一些惊人的相似之处。

也许，最令人惊讶的是，文化传承可能比基因遗传更可靠。大多数遗传性状的遗传力（由亲本遗传而来而不受环境影响的性状变异占表型变异的比例）通常在20%左右，而某些文化信仰（如宗教信仰）的遗传力可能高达70%。具有讽刺意味的是，如果想保持一个谱系的生物学完整性，最好是通过文化而不是基因来完成大部分的传承。

92. 为什么人类的文化如此多样?

一个显而易见的解释是，信仰和行为是与当地环境相适应的。它们是解决如何在特定环境中生存的方法——哪些植物吃了会中毒，哪些地方是安全的，如何高效地猎获特定的物种，哪些树木是最好的柴火或弓箭用料。密克罗尼西亚和波利尼西亚航海家有着非凡的航海技能，他们利用波浪、星图和孤岛上方的云况等知识，以及由木棍和贝壳制成的海图，在整个西太平洋航行，并由领航员将这些知识传授给学徒。这些技能使孤岛上的居民能够进行贸易活动，并在发生灾害或饥荒时找到安全的避难所。其他地方的不以航海为生的社会群体则不会对这些信息感兴趣。

文化传承使得世代积累的知识通过学习传递下去,从而让每一代免于通过反复试错学习来弄清楚复杂事物所具有的风险(更不用说乏味,而且很可能会吃到一些有毒的东西或者迷路)。因为人们依赖文化而生存,所以自然选择可以使文化在几千年里保持稳定。据说,生活在澳大利亚南部海岸的原住民的民间故事中流传着一张非常详细的塔斯曼海海底地图。尽管事实上,从大约1万年前末次冰期结束以来,塔斯曼海就不是干燥的陆地了。

然而,一些文化现象可能根本没有明显的作用,我们可以预测,这些文化现象会随时间的推移而随机漂变,因此,由几千年前的同一个祖先进化而来的两个人群可能会拥有完全不同的信仰。在这方面,文化进化的表现方式与遗传漂变类似。民间故事就是一个例子。在其他情况下,文化的组成成分可能会共同进化,因为它们彼此或与人群的社交行为、文化行为的某些方面相互关联或融为一体。例如,对高高在上的神灵的信仰,可能会致使道德体系与信仰共同进化,而这种道德体系与全能神的概念非常吻合。

在其他情况下,一种新的文化体系可能会大规模地取代先前的文化体系,就像一个入侵物种可以取代本地物种一样。这种情况经常发生在语言中:罗马人离开英格兰后,盎格鲁-撒克逊语取代了拉丁语和凯尔特语；匈奴人来到匈牙利后，匈牙利语取代了当地先前流行的语言。在某些情况下，这可能是使用原来的语言的社会消亡了，但也可能是原住民使用了少数入侵者的语言，因为这样可以被认为具有较高的社会地位(例如，西班牙和法国的高卢人在被罗马人征服后开始使用拉丁语，进而产生了现代罗马语)。另一个例子是一种新的宗教取代原来的宗教，例如基督教取代北欧的挪威异教，或者伊斯兰教通过大规模转换取代了中东和非洲的宗教。

文化，尤其是语言，可以随着时间的推移保持惊人的稳定，仿佛它们受到了稳定选择的作用(见问题 12)。一些词语，例如某人（或我)、母亲、兄弟、火、手、黑色和你，几万年来在形式和含义上几乎没有任何变化，在世界上的许多语言中几乎都存在这种现象。其中大多数词语是指每个人都拥有过的物或者经历过的事，通常是经常使用的词语。很少使用的词语更容易随着时间和距离的变化而变化；它们更多地受潮流的支配，就像中性基因一样容易漂变。在不同的语言中，语法可能更加稳定：一些语言的语法形式似乎在 5 万年里都保持不变。这可能反映了交流的需求以及对我们互动能力的选择。我们可以发明新词，它们也可能会很吸引人。但是，如果我们发明了一种新的语法，那么可能没人会理解我们了。

然而，我们大多数的文化被用来识别我们属于哪一个群体，并让我们一张口便能认出来。方言和“友谊七柱”（见问题88）为我们识别谁属于我们的群体从而知道我们可以信任谁提供了一条捷径。因此，重要的是如果我和你确实属于不同的群体，我的文化很可能与你的不同，这样你就会立刻被认出不是我的同伴。而且，只要不影响生存，你和我各自信仰什么真的不重要，只要你我的信仰不一样就行。

93. 为什么会进化出那么多种不同的语言？

语言显然在现代人的进化中发挥着核心作用，我们所做的许多工作——从文化到教育，再到科学、工程学和医学，都依赖于语言。没有语言，就没有文化。因此，长期以来人们对语言进化的原因（语言在我们生活中的作用）和时间抱有兴趣。也许很自然地，每个人都倾向于把语言看作信息的传递工具。

一般的假设是，语言的功能是作为指导（例如为了制造工具）或合作（主要是为了狩猎）的媒介。事实上，这两种特定的功能都不需要语言：制造工具最好是通过观察和实践来学习（“看我的”就是所需要的全部语言），而打猎最好是而且大多数时候是单干或在沉默的群体中进行。真正的问题是，鉴于现今有那么多(大约 6000 种)不同的、相互之间无法理解的语言在使用中——更不用讲那些已经灭绝的语言了,语言的信息交换功能实际上并不是很重要。而且,语言非常容易分化,考虑到这一点,语言的信息交换功能同样显得没有什么意义。如果语言进化的目的是交换信息,那么为什么要使交流变得如此困难呢?为什么这个过程的发生会如此之快——发生在短短二十几代的时间里?

在公元 500 年左右罗马帝国崩溃后的短短 1500 年里,拉丁语产生了 10 多个子语种,其中大多数现在是不互通的(例如意大利语、法语、罗马尼亚语、西班牙语、加泰罗尼亚语、葡萄牙语,以及一些小语种,包括撒丁语和欧西坦语)。同样,语言学家认为英语家族中有 6 种语言:英语、低地苏格兰语、加勒比语、美国黑人方言、克里奥尔语(塞拉利昂克里奥尔语)和新美拉尼西亚语(新几内亚语)。印度次大陆使用的英语将被升格为第 7 种。这几种语言都起源于公元 8 世纪的盎格鲁-撒克逊语,并且除了低地苏格兰语之外,它们存在的时间都不到 400 年。

这里确实存在两个问题:为什么语言(这里的语言为单数形式,是指有语法结构的言语)会进化?为什么不同的语言(这里为复数形式)会进化?

事实上最可信的假设是，语言的功能是促进社会凝聚力（而不是合作）。人类在进化历史中面临的核心问题是如何在日益庞大的群体中保持凝聚力（见问题87）。除了人类，没有任何一种灵长类动物的群体规模超过50个个体，而人类则可以管理规模3倍于此的群体，这一事实表明，凝聚力的影响是显著的。语言一旦进化，就会成为进化历史的重要组成部分。语言让我们能够讲笑话（从而利用笑声触发他人的内啡肽系统，见问题87），并且利用民间故事和其他界定这个群体的故事来取悦彼此（见问题91）。

人类在后工业化社会（在后工业化社会，人类对话内容的60%是社会性的）和狩猎采集社会的对话中实际谈论的内容，提供了一些间接的证据来支持这一假设。美国的人类学家波莉·维斯纳（Polly Wiessner）在对非洲南部的布须曼人进行的一项研究中发现，布须曼人晚上的大部分对话内容是社会事件，而白天的对话内容则更多是真实故事。是的，我们确实使用语言进行教学，但是教学和其他功能看起来更像有用的进化副产品，就像“进化蛋糕上的糖霜”（有时也被称为“进化机会之窗”）。语言最有用的功能是传递我们的社交网络的状态和我们在“友谊七柱”上的地位等信息。

但是，即使语言的主要功能是社会信息交换，又怎么能解释这些不互通的语言的迅速多样化呢？答案就在于不同社会群体之间的分化——这让我能够立即意识到你是否属于我的群体。所以，答案还是社会性。

这一答案可以解释社会语言学家观察到的两个奇怪现象。第一个是，至少在20世纪70年代，在大众传媒导致地方方言数量减少之前，一个以英语为母语的人可能只在离出生地35千米以内的范围活动。在狩猎采集社会，直径70千米代表了一个部落的典型领地大小：部落是一个语言群体，即讲同一种语言的社区。

第二个是一个被广泛观察到的现象，即社会底层群体中，父母常常努力确保他们的女儿谈吐文雅，而他们的儿子却可以畅所欲言。尽管不可避免地要从父权制的角度来解释这个现象（实际上主要是母亲在强制约束），但根据我们对人类婚姻模式和社区重要性的了解，一个更合理的解释是，父母试图最大化他们女儿的婚姻机会：从中立的角度来讲，女儿与社会阶层更高的人结婚的机会变大了，可能对自己也对家族更好。但是儿子却没有这样的机会，他们不得不和自己社会阶层的人结婚，因此，他们最好通过充分融入当地文化来得到同龄人和更广大社区成员的支持。所以，对儿子来说，学习当地方言并坚持使用方言才是最好的选择。

94. 除了人类，还有其他拥有文化的物种吗？

在过去半个世纪左右的时间里，很多人声称在文化方面，许多非人类物种可以与人类媲美。这些物种的表现包括：20世纪50年代鸟类撬开牛奶瓶的瓶塞以获取奶油，新喀鸦使用工具来获取食物，鲸在不同的地方唱着不同的歌，日本猕猴在吃红薯之前会洗去砂粒，黑猩猩使用不同种类的工具来捕捉昆虫、敲碎坚果、取水。

这里的核心问题是，文化在动物中到底意味着什么。由此出现了两种观点。野外工作者（主要是动物学家）通常认为，种群之间，甚至种群内的个体之间的任何行为差异都是文化的证据。相比之下，实验主义者（主要是心理学家）认为这种观点不够严谨，而且可能会将由个体学习所驱动的种群差异也囊括在内。心理学家认为关键在于文化的传播模式：要绝对确定这是文化的结果，而不是通过个体试错学习而趋同的结果，行为一定是通过无意识的复制而从一个个体传递给另一个个体的。

心理学家一直生活在“聪明的汉斯效应”的恐惧中。汉斯是一匹马，在20世纪初，这匹马让它的德国主人和观众们都为之着迷，因为它明显具备数学计算能力，能用蹄子敲出一些简单算术题的答案。对汉斯进行严谨的实验后，人们最终发现，它只是非常善于从它的主人那里得到提示，实际上是它的主人在计算，并在汉斯敲出正确的次数时通过特殊的呼吸方式给出非常微妙的提示。

当然，这种注重实际的经验主义是令人敬佩的，因为我们可能会被欺骗，认为动物(甚至人类)可以做一些真正聪明的事情，而实际上它们是凭感觉来解决问题的。在文化行为中，这可能包括更单调的心理过程，如模仿(注意到其他动物在特定地点摄食，然后探索如何通过试错学习获得相同的食物)。然而，奉行经验主义的缺点是我们可能也会错过很多真正的文化行为。

在这里，我们所谓的动物文化和人类文化的定义之间的偏差就凸显了出来。在人类中，我们真正想到的是“高等文化”，指的是故事、戏剧、文学、舞蹈等。正如人类学家不停地提醒我们的那样，人类文化中的很大一部分涉及为行为或事物赋予意义。在他们看来，文化是社会生活的实质，在这个社会中，我们共同持有的对世界的信念体现了我们做什么，以及我们如何定义我们之间的关系，甚至与环境的关系。明摆着的事实是，就“文化”行为而言，没有任何动物能与人类相提并论。的确，在文化行为方面，是否有动物能与5岁的人类儿童相提并论，目前还不确定。

尽管如此，动物的文化能力，尤其是灵长类动物的文化能力，并不是微不足道的，也不应该因为不重要而被忽视。动物展示出了人类文化的进化序列的各个阶段。就像涡虫的针孔眼（见问题12），动物向我们展示了进化序列的中间形态，证明了构成人类文化的传播机制有很深的根基，人类通过扩展适应，使得完整意义上的人类文化在进化上成为可能。文化不是通过某些单一的遗传超突变（或宏突变）甚至特殊的创造而产生的。要再次强调的是，我们需要当心，不要被我们和动物之间显著的巨大差异以及没有一个中间物种存活下来的事实所误导（见问题66）。

95. 为什么只有人类拥有“高等文化”？

事实上，就文化而言，人类似乎与动物生活在不同的“星球”上，就像两者在语言方面差异巨大一样，这一事实提出了一个问题：是什么让这种差异成为可能？这显然与我们的认知能力有关，但是具体是哪一种认知能力呢？这种差异与灵长类动物进化过程中的神经生物学及其进化有什么关系呢？

最重要的区别可能在于被称为心智化或读心术的认知能力(见问题69)。心智化是一种递归现象,对大多数正常成人来说,有5个层次的心理状态:"我**相信**[1],你会**认为**[2],我**假设**[3],你想**知道**[4],我是否**打算**[5]……"(以黑体表示连续的心理状态动词,并在方括号中标示连续的心理状态。)尽管类人猿似乎都能达到心智化的第二层次("我**相信**[1],你会**认为**[2]"),即5岁人类儿童的水平,但大多数有知觉的动物只能达到心智化的第一层次("我**相信**[1]")。因此,大多数成人能管理5个层次(有些人甚至能做得更好)的事实表明,与动物相比,成年人类的认知能力高出很多。

如果不把第三层次的心智化作为最低要求,复杂的语言交流(对话)和讲故事都是不可能的,主要是因为我们将只能够管理儿童第一次学习语言时所说出的那种单句。"吉姆爱玛丽"无疑是有趣的,但这并不是一个复杂的、激动人心的故事的基础:我们徒劳地等待着"而且……"或"但是……",这预示着一些真正有趣的事情即将发生。是的,我们可以用第二层次的心智化进行交流(毕竟,儿童在这方面做得很好),但我们的故事将会非常枯燥乏味,以至于大多数人不会认识到它们是一种人类独有的文化。

对于随意的语言交流和讲故事来说,重要的是我们可以从听众的角度看这个世界(“我知道我的观众是如何理解我想说的话的……”有3个层次的心理状态)。这使我们能够组织我们所说的话以及选择我们说话的方式,以便更好地传达我们的意思。当我们试图传达情感和心理状态时,这一点尤为重要,因为语言本身并不擅长这一点。实验研究表明,人们发现那些心智化层次更多的故事和笑话(实际上,这样的故事和笑话包含更多的角色和他们的心理状态)比那些心智化层次相对较少的故事更有趣。简而言之,心智化似乎是我们复杂的社会性和文化的关键。

然而,也许在过去10年左右的时间里,最重要的发现来自神经成像。目前已有成千上万项关于心智化的脑扫描研究,这些研究鉴定出了大脑中一组可能与这种能力相关的特定神经元。这些神经元形成了一个集成网络(称为心智化网络),通过颞叶背面的颞顶叶交界区,将前额皮质(大脑中位于眼睛上方的一小部分,是处理意识思维和情感意义的区域)中的单元与颞叶(在我们的耳朵旁)中的单元连接起来。心智化网络与我们拥有的朋友数量相关(见问题85)。事实证明,猴也有这个回路,而且这个回路似乎在它们的社交能力中也起着至关重要的作用。

更重要的是,对成人的脑扫描研究表明,个体的心智化(个体一次能处理多少个层次的心理状态）与前额皮质的容量大小密切相关。在灵长类动物的进化过程中，大脑这一部分的增长速度超出了其他所有部分，而且人类大脑的这一部分绝对（不是相对的）比其他任何物种都要大得多。事实上，一个人的心智化、社交圈的大小和这些大脑关键区域的容量大小之间存在着一个三边关联的关系。

简而言之，正是这些高级的心智化，以及大脑中支持这些能力的专门的生物神经网络，使我们有可能拥有复杂的语言、讲出复杂的故事、拥有高级的文化，以及似乎同时管理着多种社群关系，当然，也明白动物做不到这些。

96. 音乐是何时及如何进化的?

人类似乎有一种天然的、普遍的音乐爱好。我们不知道人类第一次唱歌或演奏乐器的确切时间（虽然第一次很可能发生在第二次之前很久的时候）。考古学证据表明，德国的乐器可以追溯到3.5万年前（几根由秃鹫翼骨制成的可用于吹奏的笛子），还有一种可能用洞熊的股骨制成的长笛，可追溯到4万年前（尽管有人质疑这种“长笛”不是一种乐器）。由于考古发现的这些翼骨笛是一种吹奏效果好的乐器，显然，最早的翼骨笛要比考古发现的这些翼骨笛早出现很久。唱歌、拍手，或许还有带节奏地敲打木头，这些动作的声音可能是更古老的集体舞蹈的伴奏，因为那时的人类仍然是传统的狩猎采集者，缺乏现在看来更传统的乐器。

虽然许多动物，尤其是鸟类会“唱歌”，但“唱歌”往往不是集体活动，而是个人行为。对动物“唱歌”行为的最好的解释是发出领地信号（一些猴）或求偶宣告（大多数鸟类，或许还有著名的座头鲸）。一些灵长类动物，例如长臂猿和吼猴，会进行二重唱或集体咆哮，通常是因为邻近的群体距离较近：这可能是

许多鸟类会“唱歌”

“请勿靠近”的领地信号，或“让我们团结起来”的群体联系。一些鸟类(例如非洲铃鸟)的叫声(很难说是歌曲，因为它们的叫声只包含两个音符，两只鸟接连发出音符，听起来就像一只鸟在叫)可能与求偶有关，或者至少可以让一对鸟在觅食时互相跟踪配偶的位置。

人类在唱歌和跳舞活动中表现出了大部分保卫领地和求偶的功能。摇滚乐队，甚至是古典音乐家，毫无疑问地对异性更有吸引力。而现今在国际橄榄球比赛前表演的哈卡舞(新西兰毛利人的传统舞蹈，同时也是向皇室访客致意的舞蹈)实际上是一种意在恐吓敌人的战舞(因此舞者会做出一些奇特的面部表情)。唱歌作为一种社交活动，可能是从这些集体形式的声音展示行为演变而来的。然而，唱歌同样可能是由篝火边的欢笑或其他形式的合唱演变而来的，这是群体联系的一部分。

人类的音乐创作有一个不同于其他所有动物的重要方面。音乐创作是一项具有很强的社会性的活动，我们几乎总是以团体形式进行音乐创作。似乎人类的音乐创作的主要功能之一是社交功能，而这种功能几乎可以肯定是一种群体纽带。唱歌和跳舞的相关实验研究表明，这些活动既能提高疼痛阈值(内啡肽系统激活的指标，见问题 87)，也能增进一起唱歌或跳舞的人之间的亲密感，即使他们是陌生人。重要的是，这些活动并不会影响参与者与没在场的亲密朋友之间的亲密感。这些活动的社交功能具有即时性。

鉴于这些事实，一个可能的假设是，音乐创作的进化使早期人类能够在更加个性化的社会联系形式(如社交修饰)因参与人数众多而无效的情况下，将他们日益庞大的社会群体联系起来(见问题87)。事实上，这个假设最初是由法国社会学家埃米尔·迪尔凯姆(Émile Durkheim)在20世纪初提出的，但基本上被遗忘了，直到一个世纪后，基于内啡肽对社交功能的影响的实验证据开始出现时才被重新想起。

对音乐起源的最佳猜测应该是，50万年前古人类出现，当时人类的脑容量的增加提示社会群体规模也相应地急剧增加了。这让我们不由得猜测，尼安德特人可能至少能做到像我们一样唱歌和跳舞。在当代社会，在足球比赛等体育活动中出现的各种看台合唱或许是社交功能的最好例证。

97. 宗教进化了吗？

有大量文件证明，世界上大多数主要的宗教(基督教、伊斯兰教、佛教、印度教、锡克教、琐罗亚斯德教以及它们的各种衍生宗教)有近期的历史起源。这些宗教通常被称为教义宗教，因为它们是建立在某种明确的神学信仰基础上的。虽然在这之前可能存在早期的组织化的宗教(古埃及、古希腊和古罗马的宗教,或玛雅和印加的宗教),但其中大多数似乎最多只能追溯到过去5000年。宗教历史学家一致认为,在教义宗教出现之前有多个萨满式宗教,类似于狩猎采集社会的宗教。狩猎采集社会的宗教主要是"经验宗教":它们通常缺乏宗教信仰、神、牧师、宗教道德规范、正式仪式和礼拜场所,而是专注于歌舞、社交聚会上的其他行为所诱发的恍惚状态。

大多数萨满式宗教最终关注的是社会联系:信徒从不单独活动,而是开展集体活动。唱歌、跳舞,以及由此诱发的恍惚状态,刺激了大脑中内啡肽的释放,从而增强了群体联系。布须曼人不定时开展致人恍惚的舞蹈活动,通常在群体联系变得不稳定时进行。恍惚状态所引起的身心释放(有可能是借助内啡肽系统),实际上似乎是将"硬盘"清空并将社交关系重置为默认状态。

从某种重要意义上来说,所有宗教都将信徒划分为一个自成一体的社会群体,信徒属于同一个拥有一套特定的关于超验世界的信仰的群体(又是"友谊七柱",见问题88)。伴随着宗教群体为进入精神世界而举行的特定仪式,这些信仰巧妙地将这个群体与所有持不同信仰的其他群体区分开来。宗教活动通过强调自身的信仰与其他人的信仰不同这一事实，来加强群体内部的联系。在许多方面，这是“我们对他们”咒语的终极形式。这种宗教形式可能相当古老。相比之下，教义宗教的出现可能要晚得多。

教义宗教似乎在新石器时代已经进化：至少在这个时期，我们第一次看到疑似宗教空间（“寺庙”）的建筑以及象征符号、仪式和等级制度等证据。教义宗教在此时出现的最可能的原因是，需要采取一些更强有力的措施来减小生活在空间受限、很容易建立起紧密关系的社会中的成本。在狩猎采集社会中，分裂-融合的社会性减轻了生活压力（以及它们对女性生殖力的影响，见问题 82）：如果压力太大，个体可以在营地群体之间移动，而不必离开整个社会群体。新石器时代面临的新问题是，整个社会群体的大约 150 人被迫一起生活在一个固定村庄的狭小空间里。没有什么比这更能迅速地加剧事态的恶化，导致骚乱甚至杀戮了。

教义宗教似乎提供了完美的“胡萝卜加大棒”的解决方案，它可以控制住人们的焦躁情绪，刚好能够避免宗教群体在刚出现压力迹象时就发生解散的危机。其原因有二。第一，宗教及宗教仪式的神秘色彩，为信徒参与其中提供了情感理由，就像狩猎采集社会中的个体一直所做的那样。第二，教义宗教通常与道德准则和某个全知全能的高高在上的神联系在一起,神能看到凡人看不到的东西,因此可以惩罚背道而驰者。严格地说,道德崇高的神并不是必要的:一些东方宗教中的转世教义也有同样的作用,今生行为不端的人将受到惩罚,来世投生为低等生命形式。

这种威慑的好处是,没有人能够检验它的有效性,直到事情发生时为时已晚。因此,相信童年时期被灌输的某种道德信仰,可以有效地减小(尽管不是消除)群体中的反社会行为的出现概率。

98. 互联网会改变人类进化的进程吗?

进化从未停止。因此,任何新环境原则上都可能影响人类进化的进程,但人类进化绝对不会停止这一点是确定的。作为一个交流知识的平台,互联网因为具有极大地加速信息传播的能力,最有可能通过文化进化而不是生物进化来影响我们的未来。在这一点上,互联网的这种能力可能是一种正向的力量(传播有用的知识),也可能是一种负向的力量(传播谣言)。

数字世界的部分问题在于用户,尤其是生活经验较少的用户,面临信息超载的风险。只要按一下按键,我们就能在几分钟内获取更多的信息，这可能是我们多年甚至几十年面对面的交流所无法做到的。问题是，没有怀疑论者站在我们的肩膀上，对离谱的主张“泼冷水”。这是一个导致“回音室”效应的环境。在最好的情况下，我们更喜欢能加深自己见解的观点。但在面对面的现实世界里，我们不可能忽视身边的怀疑论者，而在数字世界里，我们只需按下一个按键，就可以解除与怀疑论者的好友关系。

在某种情况下，数字世界的这种风险可能导致一个问题，那就是儿童的成长受限。早些时候，我们观察到，一个人可以拥有的朋友的数量与他的脑容量大小和内啡肽受体密度有关（见问题 86）。但这些关系只是设定了棋盘游戏的参数，它们本身并不足以让一个儿童成长为一个有能力在面对人类社会的复杂性时应对自如的成人。即使在猴和猿身上，微调这些社交技能也需要大量的实践和经验。

在人类中，这种微调似乎占据了我们生命中前 25 年的大部分时间。这是一个漫长的过程，我们要学会与拥有截然不同的社交技能和目标的个人打交道；我们要学习谈判，磨炼我们的忍耐力，以及平衡短期收益和长期影响。这需要与他人有很长时间的直接接触，我们必须学会妥协，学会宠辱不惊，因为我们无法逃避。

危险可能在于,如果大部分学习时间不是花费在面对面的现实世界中而是数字世界中,我们可能不会那么有效地学会这些社交技能。这可能意味着,儿童长大后应对变幻莫测的成人社会的能力会较弱,其结果是,他们的社交圈会变小而不是变大。这看上去会导致社会崩溃,而不是更好地促进社会融合和提高群体凝聚力。不幸的是,在我们确定这种预测是否正确之前,还需要一代人的时间,到那时,我们可能会有一代社交能力较差的父母,他们会把自己的局限性传递给下一代。

99. 进化论是否对生物学以外的学科有启示?

人文学者和社会学家有时会断言,在某个时刻进化会结束,会成为历史开始的时刻。成为历史通常意味着我们的行为不再受制于“野蛮”的生物学的影响,而是更强烈地受到社会习俗和学习所继承的文化信仰的影响。然而,这种观点在进化和人类行为之间造成了一个实际上并不存在的鸿沟。

这个错误似乎是假设动物的行为完全由基因决定的后果。但只有在最简单的生命形式中,行为才是由基因决定的。大脑的进化是缓冲个人受环境变化影响的一种方式,使大脑在利用机会或避免威胁方面具有一定的灵活性。学习能力是至关重要的。动物必须达到的目标状态以及为达到这个目标状态而做出决定的能力是由基因而不是行为决定的。当然,问题在于"文化就是历史"这一观点混淆了遗传机制和进化功能(见问题10)。文化过程和其他任何事物一样,都受到进化力量的影响(见问题91)。

经济学是另一个可能与进化论相关的学科。自然选择是一个数学优化过程,而优化是经济学的一个核心假设。进化论方法与经济学方法之间唯一的区别是,后者通常关注经济回报,而前者则强调适合度(遗传回报)。金钱往往是适合度的直接指标,因为我们用金钱来购买资源或投资后代。但最大的问题是,使用适合度而不是像金钱这样的人为指标,是否可以通过直接聚焦于能真正激发人类行为的标准,令人信服地提高微观经济预测的质量。

历史科学(历史学、考古学)都是关于人类行为及我们在生活中做出的决定的知识。理解诱发人类行为的原因,以及作用于它的社会局限与认知局限,可能会为我们理解历史事件为什么会发生特殊的转折提供一种新的见解。例如,一个社会是否会因其成员管理社群关系的能力无法匹配群体规模而崩溃?这里有一个例子,说明了进化是如何阐明一个历史现象的。中世纪冰岛的维京狂暴战士相比合群的个体有更高的适合度,解释了为什么这种行为会持续存在(不管是否有攻击性行为的遗传倾向)。对历史数据的分析显示,维京人严格遵守汉密尔顿法则(见问题25)。他们谋杀近亲的可能性要比谋杀远亲的可能性小得多,而且,如果他们真的谋杀近亲,那也总是因为由此获得的奖赏要大得多:无关的人可能会因为一点微不足道的侮辱而被谋杀,而谋杀近亲只可能是为了获得一个王国。

文学常常被认为超越了进化的范畴,但是关于故事讲述者和读者的进化心理学向我们揭示了很多规律,例如为什么故事是以特定的形式构建的,我们如何以及为什么要以特定的方式对故事做出反应,为什么我们比其他人更喜欢一些故事,以及为什么人类会首先进化出讲故事的能力。政治和法律都是关于社会试图达成某种共同生活的方式的内容。这常常涉及不同的实现方式之间的斗争,有时是暴力的斗争,以及不同个人或派系之间的利益冲突。我们需要这些正式的约定,仅仅是因为在所有的人类互动中,利己行为不断浮出水面。自私的基因与利他的个体之间的自然进化冲突似乎也与神学直接相关,这是由于表面直观地看来,神学关注善恶,以及关注如何理解和规范人类某些时候的破坏性行为。

100. 那么，为什么人们仍然会误解进化论呢？

这是一个非常好的问题。原因可能是，达尔文的进化论经常挑战我们的意识形态，而当人类的意识形态受到挑战时，我们从未做出完全理性的反应。在许多情况下，对进化论的反对是基于对该理论主张的真正误解，通常是因为批评者混淆了廷贝亨“四个问题”的不同含义(见问题 10)。

“垃圾场悖论”是臭名昭著的谬论之一。从本质上说，这个悖论断言进化不可能是真的，因为随机的变化不可能产生我们所看到的物种，这就像龙卷风吹过垃圾场，制造出一架装配完整的大型喷气式飞机一样。然而，垃圾场里的龙卷风并不是对进化如何作用的恰当比喻，甚至也不是对大型喷气式飞机如何装配的合理描述。自然选择是一个逐步积累的过程，建立在过去发生的事情的基础上，并且持续很长一段时间。正如达尔文本人所承认的那样，正确的比喻是人类设计师选择(就像养鸽者所做的那样)越来越符合他们头脑中所设想的形象的后代。这正是飞机设计师设计大型喷气式飞机的方式：在现有飞机模型上添加部件，尝试新的设计，如果设计不成功就改变设计方案。

第二个谬论是，如果进化是渐进的，那就不可能有足够的时间产生我们发现的所有能精细适应环境的物种。如果进化只是通过完全随机的遗传漂变零星地积累新性状，这种说法的确会是正确的（见问题29）。然而，在有选择作用的情况下，性状实际上会以惊人的速度发生变化（见问题16）。诚然，产生一个全新的物种要比只改变一个性状（例如乳糖耐受或镰状细胞贫血）花费更长的时间，但即便如此，我们谈论的也只是数十万年的时间。事实上，人类谱系中一个物种的平均存在时间（从第一次出现到最后一次出现之间间隔的时间）只有大约50万年。这个谬论的问题在于，它混淆了选择和突变率。

第三个谬论是，至少人类做出某种行为不是为了提高基因贡献度，而是因为人类有动机去做某事。我嫁给一个人是因为我爱上了他，而不是为了向后代传递基因。这当然是正确的，但它再次混淆了两个不同层次的解释。在进化运作（行为的遗传学后果，即适合度）的水平和自然选择达到这些目的（动机）的机制之间存在重要的区别。自然选择通过动机来发挥作用，因为只有动机具有说服我们采取行动的因果直接性，我们行为的遗传学后果太遥远了，无法给任何生物体提供做任何事情的动机。实际上，自然选择通过调整这些动机以达到预期的适合度目标，或者更准确地说，自然选择会促使人类进化出使适合度最大化的动机。

第四个谬论是,进化论是循环的:它假设进化是为了证明进化是真的。这是一种相当奇怪的说法,因为无论是达尔文还是达尔文之后的任何人提出的进化论,都没有从一开始就假设发生了进化。从一开始就假设(变异原则,见问题4)的是,动物(或物种)是变化的——这是一个简单可见的事实。进化(指一个物种的外观发生变化)是其他两个假设(遗传原则和适应原则)所代表的许多机制过程的结果或后果。这些原则不包含任何本质上的进化论内容。这种谬论之所以产生,是因为混淆了适合度作为一种遗传特性(进化原则)与基因作为一种遗传机制的作用(适应原则,见问题4)。

第五个谬论是现在很少听到的,所谓的"缺少的环节",即两个现生物种之间的中间点,例如半黑猩猩或者半人类。然而,"缺少的环节"这个概念本身就具有误导性。任何两个物种(例如黑猩猩和人类)都是从它们的共同祖先沿着各自不同的进化轨迹进化的最终产物。人类谱系不是从黑猩猩进化而来的,事实上,人类和黑猩猩共同的祖先可能与这两个物种都有很大的不同。碰巧,尽管我们人类看起来经历了更多的进化改变,但实际上黑猩猩基因组的变化速度比我们人类要快得多。

第六个谬论是群体选择(这种说法认为进化是为了物种的

利益而发生的)。进化不是为了群体或物种的利益而发生的,它的发生只是为了基因的利益。群体选择是不可能存在的,因为它实际上是遗传利他行为的一种形式,所以总是会被个体层面的选择所破坏。有时有人称亲缘选择是群体选择的一种形式,但这是不对的。如果说二者之间真有什么联系,那就是亲缘选择是群体层面的选择的一种形式(见问题 81),这是一种与众不同的选择,尤其是因为适合度的计算是在基因水平上进行的。

第七个谬论是社会达尔文主义,它经常被等同于进化论,与之相关的是 19 世纪晚期的政治运动在一定程度上导致了 20 世纪早期纳粹政治哲学的兴起。事实上,撇开社会达尔文主义的名称不谈,它与达尔文并没有任何关系(事实上,达尔文并不赞成它)。社会达尔文主义是由政治哲学家赫伯特·斯宾塞(Herbert Spencer)提出的,他还得到了达尔文的表弟弗朗西斯·高尔顿(Francis Galton,杰出的遗传学家,优生学运动的奠基人)的一点帮助。社会达尔文主义和优生学都不是达尔文进化论的直接产物。事实上,社会达尔文主义和优生学都追求遗传纯度(遗传同质性),都是激进的反达尔文主义。根据达尔文进化论,遗传变异越多越好,因为这是进化成功所需的根本动力,而且我们永远无法判断未来到底哪种变异是最成功的。遗传同质性确实是一个坏消息，这就像保护生物学反复警告的那样，遗传变异的匮乏是导致物种迅速灭绝的原因之一。

第八个谬论与科学哲学更相关。进化论和生物学有时会被批评为是对世界的事后描述，而不是像物理学这样的理论驱动的科学。这是对科学和进化生物学的误解。自然选择理论是一个非常优雅而简单的包罗万象的理论，它在生物界的应用产生了巨大的复杂性和多样性，因为生物界是复杂的和多维度的。此外，正如所有研究历史现象的学科(从宇宙学到考古学再到传统历史学)都非常清楚的那样，历史科学的重点在于解释过去——世界是如何变成现在这个样子的。在科学哲学中，这被称为“后见之明”。如果我们能够预测我们未曾预料到的事情，那总是好的，但为某些事情提供原则性的解释也同样不错。更重要的是，进化论的确也经常预测到现实世界中我们未曾预料到的事情。最优觅食理论的大量实验工作就是这样做的：它预测了动物在优化其适合度时会如何行动，并验证它们是否真的在这么做。结果似乎真的是预测的那样。

也许所有这些谬论的最大问题在于，它们所关注的是某个特定的问题。但它们忽略了一个事实，即所有这些问题都嵌入了一个复杂的相互关联、互为因果的网络中，其后果延伸到我们所生活的世界的所有错综复杂的层次，从物种的特性到人类的文化行为。这不仅赋予了进化论巨大的结构性力量,而且使我们很难在不为其他所有部分找到令人信服的替代性解释的情况下去反对某个部分。达尔文学说的错综复杂的体系是如此紧密地交织在一套如此优雅地环环相扣的解释中,所有这些解释都来自达尔文最初的理论,以至于很难在不丧失知识连贯性的情况下将该理论的各要素区分开来。

延伸阅读

1. 进化与自然选择

Coyne, Jerry (2010). *Why Evolution Is True*. New York: Oxford University Press.

Desmond, Adrian & Moore, James (1994). *Darwin*. New York: Norton.

Dunbar, Robin (1995). *The Trouble with Science*. London: Faber & Faber.

Maynard Smith, John (1993). *The Theory of Evolution*. Cambridge: Cambridge University Press.

Prum, Richard (2017). *The Evolution of Beauty: How Darwin's Forgotten Theory of Mate Choice Shapes the Animal World—and Us*. New York: Doubleday.

Tinbergen, Niko (1963). On aims and methods of ethology. *Zeitschrift für Tierpsychologie*, 20: 410-433.

2. 进化与适应

Lents, Nathan (2018). *Human Errors: A Panorama of Our Glitches, from Pointless Bones to Broken Genes*. New York: Houghton Mifflin Harcourt.

Lister, Adrian (2018). *Darwin's Fossils: The Collection That Shaped the Theory of Evolution*. Washington DC: Smithsonian Books.

Ruxton, Graeme; Allen, William; Sherratt, Tom & Speed, Michael (2004). *Avoiding Attack: The Evolutionary Ecology of Crypsis, Warning Signals and Mimicry*. Oxford: Oxford University Press.

Stevens, Martin (2016). *Cheats and Deceits: How Animals and Plants Exploit and Mislead*. Oxford: Oxford University Press.

Williams, George (2018). *Adaptation and Natural Selection*. Princeton, NJ: Princeton University Press.

Williams, George (2013). *Plan and Purpose in Nature*.

London: Weidenfeld & Nicholson.

3. 进化与遗传

Carey, Nessa (2015). *Junk DNA: A Journey Through the Dark Matter of the Genome*. New York: Columbia University Press.

Dawkins, Richard (2016). *The Selfish Gene*. Oxford: Oxford University Press.

Hughes, Austin (1988). *Evolution and Human Kinship*. Oxford: Oxford University Press.

Meneely, Philip; Hoang, Rachel; Okeke, Iruka & Heston, Katherine (2017). *Genetics: Genes, Genomes, and Evolution*. Oxford: Oxford University Press.

Nettle, Daniel (2009). *Evolution and Genetics for Psychology*. Oxford: Oxford University Press.

Ridley, Matt (1999). *Genome: The Autobiography of a Species in 23 Chapters*. London: Fourth Estate.

Williams, Gareth (2019). *Unravelling the Double Helix: The Lost Heroes of DNA*. London: Weidenfeld & Nicolson.

4. 生命的进化

Dyson, Freeman (2010). *Origins of Life*. Cambridge: Cambridge University Press.

Lane, Nick (2006). *Power, Sex, Suicide: Mitochondria and the Meaning of Life*. Oxford: Oxford University Press.

Levy, Elinor & Fischetti, Mark (2007). *The New Killer Diseases: How the Alarming Evolution of Germs Threatens Us All*. New York: Crown.

Nesse, Randy (2019). *Good Reasons for Bad Feelings: Insights from the Frontier of Evolutionary Psychiatry*. New York: Dutton.

Zuk, Marlene (2008). *Riddled with Life*. New York: Harvest Books.

5. 物种的进化

Benton, Michael (2015). *When Life Nearly Died: The Greatest Mass Extinction of All*. London: Thames &

Hudson.

Brusatte, Steve (2018). *The Rise and Fall of the Dinosaurs: The Untold Story of a Lost World*. London: Macmillan.

Carson, Rachel (2002). *Silent Spring*. New York: Houghton Mifflin Harcourt.

Darwin, Charles (2004). *On the Origin of Species by Means of Natural Selection of the Preservation of Favoured Races in the Struggle for Life*. [*1859*]. London: Routledge.

Diamond, Jared (2013). *The Rise and Fall of the Third Chimpanzee*. New York: Random House.

Grant, Peter & Grant, Rosemary (2011). *How and Why Species Multiply: The Radiation of Darwin's Finches*. Princeton, NJ: Princeton University Press.

Mayr, Ernst (1982). *The Growth of Biological Thought: Diversity, Evolution, and Inheritance*. Cambridge, MA: Harvard University Press.

Wilson, Edward (2001). *The Diversity of Life*. Harmondsworth: Penguin.

6. 复杂性的进化

Beukeboom, Leo & Perrin, Nicolas (2014). *The Evolution of Sex Determination*. Oxford: Oxford University Press.

Hansell, Michael (2007). *Built by Animals: The Natural History of Animal Architecture*. Oxford: Oxford University Press.

Montgomery, David & Biklé, Anee (2015). *The Hidden Half of Nature: The Microbial Roots of Life and Health*. New York: Norton.

Pimm, Stuart (1991). *The Balance of Nature? Ecological Issues in the Conservation of Species and Communities*. Chicago, IL: University of Chicago Press.

Ridley, Matt (1994). *The Red Queen: Sex and the Evolution of Human Nature*. Harmondsworth: Penguin.

7. 人类的进化

Dunbar, Robin (2014). *Human Evolution: Our Brains and*

Behavior. Harmondsworth: Pellican (in USA: Oxford University Press).

Gamble, Clive; Gowlett, John & Dunbar, Robin (2014). *Thinking Big: How the Evolution of Social Life Shaped the Human Mind*. London: Thames & Hudson.

Reich, David (2018). *Who We Are and How We Got Here: Ancient DNA and the New Science of the Human Past*. Oxford: Oxford University Press.

Roberts, Alice (2015). *The Incredible Unlikeliness of Being: Evolution and the Making of Us*. London: Heron Books.

Rutherford, Adam (2018). *A Brief History of Everyone Who Ever Lived: The Human Story Retold Through Our Genes*. London: Weidenfeld & Nicolson.

Stringer, Chris (2012). *Lone Survivors: How We Came to Be the Only Humans on Earth*. London: Macmillan.

8. 行为的进化

Alcock, John & Rubenstein, Dustin (2019). *Animal Behavior*. New York: Sinauer.

Barash, David & Lipton, Judith (2009). *Strange Bedfellows: The Surprising Connection Between Sex, Evolution and Monogamy*. New York: Bellevue Literary Press.

Birkhead, Tim (2000). *Promiscuity: An Evolutionary History of Sperm Competition*. Cambridge, MA: Harvard University Press.

Cheney, Dorothy & Seyfarth, Robert (2008). *Baboon Metaphysics: The Evolution of a Social Mind*. Chicago, IL: University of Chicago Press.

Wrangham, Richard & Peterson, Dale (1996). *Demonic Males: Apes and the Origins of Human Violence*. New York: Houghton Mifflin Harcourt.

Wyatt, Tristram (2017). *Animal Behaviour: A Very Short Introduction*. Oxford: Oxford University Press.

9. 社会行为的进化

Dunbar, Robin & Shultz, Susanne (2017). Why are there so many explanations for primate brain evolution? *Philosophical Transactions of the Royal Society*,

London, 244B: 201602244.

Christakis, Nicholas (2019). *Blueprint: The Evolutionary Origins of a Good Society*. Boston, MA: Little, Brown.

Johnson, Allen & Earle, Timothy (2000). *The Evolution of Human Societies: From Foraging Group to Agrarian State*. Stanford, CA: Stanford University Press.

Marshall, James (2015). *Social Evolution and Inclusive Fitness Theory: An Introduction*. Princeton, NJ: Princeton University Press.

Wilson, Edward (2019). *Genesis: On the Deep Origin of Societies*. London: Allen Lane.

10. 文化的进化

Cronk, Lee (1999). *That Complex Whole: Culture and the Evolution of Human Behavior*. Boulder, CO: Westview Press.

Dunbar, Robin (1996). *Grooming, Gossip and the Evolution of Language*. London: Faber & Faber.

Fitch, Tecumseh (2010). *The Evolution of Language*.

Cambridge: Cambridge University Press.

Henrich, Joe (2015). *The Secret of Our Success: How Culture Is Driving Human Evolution, Domesticating Our Species, and Making Us Smarter*. Princeton, NJ: Princeton University Press.

Laland, Kevin (2018). *Darwin's Unfinished Symphony: How Culture Made the Human Mind*. Princeton, NJ: Princeton University Press.

Mesoudi, Alex (2011). *Cultural Evolution: How Darwinian Theory Can Explain Human Culture and Synthesize the Social Sciences*. Chicago, IL: University of Chicago Press.

Mithen, Steven (2006). *The Singing Neanderthals: The Origins of Music, Language, Mind and Body*. London: Weidenfeld & Nicolson.

Rachels, James (1991). *Created from Animals: The Moral Implications of Darwinism*. Oxford: Oxford University Press.

Richerson, Peter & Boyd, Robert (2008). *Not by Genes Alone: How Culture Transformed Human Evolution*.

Chicago, IL: University of Chicago Press.

Ridley, Matt (1997). *The Origins of Virtue*. Harmondsworth: Penguin.

Ruhlen, Merritt (1994). *The Origin of Language: Tracing the Evolution of the Mother Tongue*. New York: Wiley.